Wilde Rose, Hagebutte (S. 113)

Gänseblümchen (S. 56)

Band 5

OutdoorHandbuch

Hartmut Engel und
Iris Kürschner

Essbare Wildpflanzen

Essbare Wildpflanzen

Dieses OutdoorHandbuch wurde konzipiert und redaktionell erstellt von der:

Conrad Stein Verlag GmbH
Kiefernstr. 6, 59514 Welver
023 84/96 39 12
info@conrad-stein-verlag.de
www.conrad-stein-verlag.de
www.facebook.com/outdoorverlag
www.instagram.com/outdoorverlag

Druckprodukt mit finanziellem **Klimabeitrag**
ClimatePartner.com/10951-2501-1001

Als Outdoor-Verlag sind uns der Schutz und die Erhaltung der Natur seit jeher ein besonderes Anliegen. Auch in Sachen Klimaschutz haben wir eine Vorreiterrolle inne: Wir sind der einzige Buchverlag in Deutschland, der bereits seit 2008 seine Bücher konsequent klimaneutral in Deutschland produzieren und transportieren lässt. Dabei wird nicht nur klimaneutral, sondern auch nachhaltig, d. h. so umweltschonend wie möglich produziert, z. B. durch die Auswahl von umweltfreundlichen Materialien. Die bei der Produktion der Bücher entstandenen CO_2-Emissionen werden durch die Unterstützung von zertifizierten Klimaschutzprojekten ausgeglichen. Jedes Buch wird daher mit dem Logo „klimaneutral" und einer Climate-Partner-Zertifikatsnummer versehen. Mithilfe dieser Nummer können Sie unter www.climatepartner.com Informationen zu der eingesparten CO_2-Menge und dem Projekt finden, das mit der Abgabe gefördert wird.

Das Engagement des Conrad Stein Verlags wurde im Rahmen des Projekts „Klimaneutraler Buchverlag" mit dem Westenergie Klimaschutzpreis 2022 ausgezeichnet.

OutdoorHandbuch Band 5

ISBN 978-3-86686-393-4 Nachdruck der 9. Auflage 2025

Text: Hartmut Engel, Iris Kürschner
Fotos: Iris Kürschner, Hartmut Engel, Manuela Dastig u. a.
Illustrationen: Iris Kürschner
Lektorat: Marie-Luise Großelohmann und Amrei Risse
Layout: Manuela Dastig

Gesamtherstellung: gutenberg beuys feindruckerei

Dieses OutdoorHandbuch hat 160 Seiten mit 91 farbigen Abbildungen und 77 farbigen Illustrationen.

Autor, Autorin und Verlag freuen sich über Ihr Feedback. Schreiben Sie Ihre Tipps und Verbesserungen an info@conrad-stein-verlag.de oder nutzen Sie unsere Social-Media-Kanäle. Bitte nennen Sie dabei Titel, Auflage und Seitennummer.

Dieses Buch ist im Buchhandel und in Ausrüstungsläden erhältlich und kann im Internet oder direkt beim Verlag bestellt werden.

Inhalt

Vorwort

Waldmeister (S. 136) (md)

Dieses OutdoorHandbuch beschäftigt sich mit essbaren Wildpflanzen. Es baut auf einem Wissensstand auf, den die Menschen im Laufe vieler Generationen über Jahrhunderte hinweg gesammelt haben. Dieses wertvolle Wissen droht mit der immer weiter fortschreitenden Verstädterung der Menschen verloren zu gehen.

Heute besorgt man sich sein Gemüse oder Obst im Supermarkt oder auf dem Wochenmarkt. Kaum jemand geht noch über Wiesen, um Löwenzahn zu stechen oder Gänseblümchen zu ernten, um daraus eine Beilage für den Sonntagsbraten zu bereiten. Und wer macht sich schon die mühevolle Arbeit, im Wald Blaubeeren oder Wilde Erdbeeren zu sammeln, wenn man sie doch so schön abgepackt im Laden nebenan kaufen kann?

Dies ist zwar verständlich, aber eigentlich schade. Denn die wildwachsenden, essbaren Pflanzen bieten eine breite Palette aller für die Ernährung wichtigen Stoffe, angefangen von Spurenelementen über Vitamine, Kohlenhydrate und Fettsäuren bis hin zu Ballaststoffen. Vielen Kulturpflanzen, die meistens auf Größe, ansprechende Form und Farbe gezüchtet sind, fehlen ein Teil dieser Inhaltsstoffe, die ihre wildwachsenden Urahnen noch in sich tragen.

Hinzu kommt, dass ein Großteil der wildwachsenden Pflanzen sehr viel besser schmeckt als ihre kultivierten Abkömmlinge. Die kleinen Blaubeeren oder eher unansehnlichen Walderdbeeren aus der Natur können zwar optisch nicht mit den riesigen, wohlgeformten Kulturfrüchten konkurrieren, sind im Geschmack diesen aber um Längen voraus. Wer einmal wilde Blaubeeren direkt vom Strauch gegessen hat, wird sich schwerlich mit dem leicht faden Geschmack der kultivierten Riesen anfreunden können.

Ich hatte das Glück in einer ländlichen Gegend am Rande einer Großstadt aufzuwachsen und schon in frühester Kindheit mit vielerlei essbaren Wildpflanzen konfrontiert zu werden. Viel von dem Wissen in diesem Buch habe ich meinen Eltern zu verdanken. Meine Mutter sammelte z. B. Blaubeeren und bereitete daraus ein schmackhaftes Kompott oder Pfannkuchen. Eine meiner Lieblingsspeisen ist ihre Holunderbeersuppe. Mein Vater nahm mich oft auf seine ausgedehnten Pilzsammelexkursionen in die Wälder der Umgebung mit, von wo wir jedes Mal Zutaten für mehrere Mahlzeiten mit nach Hause brachten. Und wir Kinder aßen beim Spielen ganz natürlich Sauerampfer, Sauerklee oder Hirtentäschel, wenn uns danach war.

Nur einmal in meinem Leben war ich aus reiner Not auf das Essen von Wildpflanzen angewiesen, weil keine andere Nahrung zur Verfügung stand. Während eines längeren Aufenthalts als Naturschutzwart auf der unbewohnten Watteninsel Mellum vor der niedersächsischen Küste war es dem Versorgungsboot wegen einer länger anhaltenden Schlechtwetterperiode nicht möglich, neue Nahrungsmittel zu bringen. Als meine Vorräte aufgebraucht waren, bereitete ich mir schmackhafte Gerichte aus der Natur zu. Unvergessen wird mir der Salat aus frischem Queller mit Seetang garniert bleiben.

So finden sich in diesem Buch auch meine eigenen Erfahrungen wieder, die ich im Laufe der Zeit mit essbaren Wildpflanzen gesammelt habe.

Wenn auch die wenigsten von uns jemals in die Lage kommen werden, aus wirklicher Not auf das Essen von Wildpflanzen angewiesen zu sein, so bereichern sie doch den Speiseplan erheblich um eine oftmals interessante Note.

Hinzu kommt, dass das Sammeln und Ernten der Pflanzen oder von Pflanzenteilen auch die Sammelleidenschaft, die in vielen von uns immer noch steckt, befriedigen kann. Und das Sammeln, die anschließende Zubereitung und das Verspeisen der Mahlzeit ist sicher näher an diesem Urtrieb dran, als das Sammeln von Briefmarken oder Münzen.

In diesem Sinne: Guten Appetit!

Hartmut Engel

Einleitung

Wilder Schnittlauch

In diesem Buch werden 77 wildwachsende, essbare Pflanzen in Wort und Bild dargestellt. Dies ist nur eine kleine Auswahl aus der Fülle der essbaren Wildpflanzen. Bei der Auswahl wurden vor allem Pflanzen berücksichtigt, die weit verbreitet, möglichst nicht gefährdet, leicht zu identifizieren und ohne großen Aufwand zuzubereiten sind.

Wer in diesem Buch Pilze erwartet, wird vergeblich nach ihnen suchen. Einerseits erfordert das sichere Erkennen von Pilzen und damit die Abgrenzung zu giftigen Arten einige Grundkenntnisse, andererseits würde ihre Aufnahme den begrenzten Rahmen dieses Buches sprengen.

Mit dem Begriff „essbare Wildpflanzen" ist in der Regel gemeint, dass nur bestimmte Teile der jeweiligen Pflanze genießbar sind. Keiner wird z. B. bei der als essbare Wildpflanze eingestuften Birke auf die Idee kommen, den Stamm anzuknabbern. Aufgrund der jungen, schmackhaften Blätter gilt die Birke aber dennoch als essbare Wildpflanze.

Über die im Buch aufgeführten Rezeptvorschläge und Zubereitungsmöglichkeiten hinaus gibt es für die meisten Pflanzen eine Fülle von weiteren Möglichkeiten, ein schmackhaftes und nahrhaftes Gericht herzustellen, die wegen des begrenzten Platzes nicht alle erwähnt werden konnten. So ließ sich z. B. allein mit den vielen verschiedenen Blaubeerrezepten ein ganzes Buch füllen. Dem Leser sind also alle Möglichkeiten geboten, etwas Neues auszuprobieren und seiner Kreativität freien Lauf zu lassen.

Die Auflistung der Pflanzen erfolgt in alphabetischer Reihenfolge. Der Einfachheit halber wurden die Pflanzen dabei nach ihrem Stammwort sortiert. So erscheint z. B. die Wilde Erdbeere unter Erdbeere, Hängebirke unter Birke.

Die Zeichnungen geben charakteristische Merkmale der Pflanzen wieder, um sie leichter ansprechen zu können. Aber auch zusammen mit der Textbeschreibung kann und soll dieser Band ein

Bestimmungsbuch nicht ersetzen. Zur eindeutigen Identifizierung unbekannter Pflanzen benötigen Sie einschlägige Bestimmungsbücher (☞ Literaturliste).

Beim Vergleich der im Text beschriebenen Merkmale der Pflanzen mit denen, wie Sie sie in der Natur vorfinden, sollten Sie immer bedenken, dass die Pflanzen in allen ihren charakteristischen Merkmalen in weiten Grenzen variieren können. Im Text werden daher immer die charakteristischen Merkmale beschrieben.

Wenn im Text davon die Rede ist, dass eine Pflanze z. B. auf Wiesen vorkommt, kann es durchaus sein, dass Sie auch einzelne Exemplare im Wald finden können. Diese Variationsbreite gilt nicht nur für den Standort der Pflanzen, sondern in der Regel für die meisten Merkmale.

Obwohl die Auswahl der Pflanzen u. a. nach dem Gesichtspunkt erfolgte, möglichst weit verbreitete und häufige Arten zu nehmen, die in der freien Natur nicht gefährdet sind, können einige jedoch in bestimmten Ländern oder regional begrenzt gefährdet und/oder geschützt sein. Diese regionalen Unterschiede können in diesem Buch aus Platzgründen nicht berücksichtigt werden. Einen Hinweis gibt aber die Rubrik „Gefährdung“, in der die Gefährdungsgrade einzelner Pflanzen für Deutschland erwähnt werden.

Ein Nichterscheinen einer Pflanze in dieser Rubrik heißt aber nicht, dass sie überall gesammelt werden darf. Erkundigen Sie sich nach den jeweiligen lokalen oder landesweiten Verordnungen oder Gesetzen.

Da es sich bei vielen in diesem Buch behandelten Pflanzen auch um anerkannte Heilpflanzen handelt, wurden bei einigen Arten auch ihre Anwendungsmöglichkeiten beschrieben. Das heißt aber nicht, dass Sie sich von nun an selbst therapieren sollten. Wenn Sie krank sind, fragen Sie immer zuerst Ihren Arzt oder Apotheker. Vielleicht rät er Ihnen ja auch zu einem Mittel aus der Natur.

Auch für diese Rubrik gilt, dass Sie nicht davon ausgehen können, dass Pflanzen ohne einen Eintrag keine Heilpflanzen wären.

Für alle, die sich mit der Terminologie der Botaniker nicht so gut auskennen, werden in einem Glossar am Ende des Buches die häufig verwendeten Fachausdrücke kurz erläutert.

Wenn Sie Wildpflanzen aus der Natur sammeln wollen, um sie zu verspeisen, sollten Sie unbedingt einige grundlegende Regeln beachten:

- ▷ Sammeln und verwenden Sie nur Pflanzen, die Sie sicher **identifiziert** haben. Ziehen Sie einen Fachmann zu Rate, wenn Sie sich nicht hundertprozentig sicher sind. Benutzen Sie bei der Bestimmung mehrere Bestimmungsbücher unabhängig voneinander.
- ▷ Sammeln Sie **keine gefährdeten oder geschützten Pflanzen**. Halten Sie sich an die Verordnungen und Gesetze zum Schutz von Natur und Landschaft. Ernten Sie niemals die ganze Pflanze oder gar den ganzen Bestand. Seien Sie beim Sammeln bescheiden. Wildpflanzen sind in der Regel sehr aromatisch, so dass bereits kleinere Mengen genügen. Obwohl bei vielen Pflanzen die Wurzeln oder Zwiebeln verzehrt werden können, wird in diesem Buch nur in den seltensten Fällen darauf hingewiesen, weil durch das Ausgraben dieser Teile die Pflanze an ihrem natürlichen Standort vernichtet wird. Gegen das Sammeln einiger weniger Wurzeln oder Zwiebeln aus einem größeren Bestand ist dagegen nichts einzuwenden.
- ▷ Viele Pflanzen sind durch **Abgase oder Chemikalien stark belastet**. Sie sollten daher keine Pflanzen von den Rändern stark befahrener Straßen ernten. Auch die an mit Chemikalien oder Kunstdünger behandelten landwirtschaftlichen Nutzflächen angrenzenden Bereiche sollten Sie meiden.
- ▷ An manchen Pflanzen können bestimmte Entwicklungsstadien von **Parasiten oder andere Krankheitserreger** haften. Dies gilt in hohem Maße für alle im oder am Wasser lebenden Pflanzen. Waschen Sie alle Pflanzen vor dem Verzehr gründlich. Dies gilt besonders für solche, die Sie roh verzehren. Ein Erhitzen der Pflanzen durch Kochen, Braten usw. tötet die meisten Krankheitserreger zuverlässig ab.

▷ Sammeln Sie nach Möglichkeit am Vormittag, wenn der Tau abgetrocknet ist. Die Blüten sollte man möglichst gleich nach dem Erblühen ernten, weil Sie dann noch die meisten Inhaltsstoffe besitzen. Blätter und Triebe schmecken jung am besten. Je älter sie werden, desto bitterer und zäher werden sie. Die Früchte sollten Sie dagegen immer nur ausgereift ernten, da sie an der Pflanze am besten reifen und nur dort ihr volles Aroma entwickeln.

▷ Wenn Sie die Pflanzen nicht sofort verarbeiten können, bewahren Sie sie immer kühl und luftig auf. Die meisten Pflanzen oder -teile schmecken frisch am besten. Manche können getrocknet oder eingefroren konserviert werden. Einige Pflanzen, wie z. B. der Waldmeister, entwickeln erst beim Verwelken ihr volles Aroma.

Zum Schluss noch eine Warnung: Manche Pflanzen sind nur sehr schwer wirklich sicher zu bestimmen. Einige haben ähnlich aussehende giftige Verwandte. Dies gilt insbesondere für viele Pflanzen der Doldenblütler. So sehen z. B. die äußerst giftigen Schierlinge oder auch die Hundspetersilie einigen essbaren Pflanzen sehr ähnlich. Aber auch andere Pflanzen gleichen sich mitunter in bestimmten Merkmalen sehr stark. Dies gilt z. B. für die Blätter des Bärlauchs, die denen des giftigen Maiglöckchens zum Verwechseln ähnlich sind. Verwenden Sie daher nur Pflanzen, die Sie absolut sicher bestimmt haben.

Da einige der hier vorgestellten Arten Inhaltsstoffe enthalten können, auf die manche Menschen allergisch reagieren, sollten Sie zunächst immer nur geringe Mengen für Sie neuer Pflanzen verarbeiten. Erst wenn Sie sicher sind, dass Sie sie gut vertragen, sollten Sie auch größere Mengen verzehren.

Beschreibung der Arten

Bärlauch (S. 23)

Großer Ampfer *Rumex acetosa*

Synonyme: Sauer-Ampfer, Säuerling

Vorkommen: Der Große Ampfer wächst auf Wiesen und Weiden, an Wegrändern und Ufern auf meist nährstoffreichen, lehmigen Böden. Er ist in Europa, Asien und Nordamerika weit verbreitet und kommt sogar auf Grönland vor.

Beschreibung: Die Pflanze wird 30 bis 100 cm hoch. Die derben Blätter sind lanzettlich bis pfeilförmig. Die in Rispen wachsenden Blüten sind grün, manchmal etwas rötlich.

Zubereitung: Der angenehm säuerlich schmeckende Sauer-Ampfer kann roh in Wildpflanzensalaten gegessen werden oder gekocht in Suppen. Mit anderen Wildpflanzen zusammen ergibt er ein gutes Gemüse. Nutzen sollten Sie nur die jungen, noch zarten Blätter.

Ähnliche Arten: Der Kleine Ampfer (*R. acetosella*), der nur 30 cm hoch wird, enthält die gleichen Inhaltsstoffe wie sein großer Bruder. Allerdings schmecken seine Blätter leicht bitter. Daneben gibt

es noch etwa 200 weitere Ampferarten, von denen einige genießbar sind, wie z. B. der Schild-Ampfer (*R. scutatus*), der früher sogar angebaut wurde und als „Französischer Spinat“ zubereitet wurde.

Vorsicht: Wegen des sehr hohen Oxalsäure-Gehaltes, die dem Körper große Mengen Calcium durch Salzbildung entzieht, sollte man Sauer-Ampfer nur in kleinen Portionen essen. Besondere Vorsicht ist bei Kindern geboten. Ganz auf den Genuss verzichten sollte man bei Gicht, Rheuma sowie allen Steinleiden.

Bachbunge *Veronica beccabunga*

Synonyme: Bach-Ehrenpreis, Bach-Männertreu

Vorkommen: Die Bachbunge ist in Europa, Asien, Nordafrika und Nordamerika verbreitet und stellenweise sehr häufig. Sie kommt an Ufern von Bächen, Flüssen und Gräben vor, an Quellen und in Röhrichten. Sie liebt schlammige, nährstoffreiche Böden.

Beschreibung: Bachbungen sind ausdauernde Pflanzen, die bis zu 50 cm hoch werden können. Der Stängel ist kreisrund und fleischig. Im kriechenden Teil wachsen an den Knoten Wurzeln. Die mehr oder weniger eiförmigen Blätter sind an den Rändern gesägt. Sie sind kurz gestielt, kahl und relativ fleischig. Die blauen, von Mai bis August erscheinenden, in Trauben angeordneten Blüten wachsen an langen Stielen aus den Achseln der oberen Triebblätter.

Zubereitung: Verwendet werden können das ganze Jahr über die Blätter und die Triebspitzen, die einen würzig scharfen Geschmack haben. Aus ihnen lässt sich mit etwas Oliven- oder Walnussöl, Essig oder Zitrone, Zwiebel, Salz und Pfeffer ein wohlschmeckender Salat zubereiten. Die klein gehackten Blätter lassen sich unter Quark oder Frischkäse mischen und verleihen diesen einen würzigen Geschmack. Lecker schmeckt auch ein Butterbrot mit gehackten Bachbungenblättern.

Anwendung: Die grünen Teile der Pflanze enthalten neben Bitter- und Gerbstoffen das Glykosid Aucubin, das für viele Vertreter der Rachenblütler charakteristisch ist. Es ist einerseits für den würzigen, ganz feinen, scharfen Nachgeschmack verantwortlich, andererseits auch für die blutreinigende und harntreibende Wirkung. Dieser chemische Stoff kommt u. a. auch im verwandten Ehrenpreis (*V. officinalis*) und im Gauchheil-Ehrenpreis (*V. anagallis-aquatica*) vor, die alle in der Volksmedizin Anwendung finden.

Vorsicht: Wegen des Aucubin-Gehaltes nicht über einen längeren Zeitraum oder in zu großen Mengen verzehren.

Baldrian *Valeriana officinalis*

Synonyme: Katzenkraut

Gefährdung: Einige Kleinarten werden als potentiell oder stark gefährdet eingestuft oder sind bereits ausgestorben.

Vorkommen: Baldrian ist in ganz Europa und Asien heimisch. Er kommt vor allem in feuchten Wäldern, auf nassen Wiesen, in Flachmooren, an Waldwegen und im Saum von Bächen oder Flüssen auf meist sickernassem Boden vor.

Beschreibung: Die Pflanzen werden 70 bis 150 cm hoch. Der hohle Stängel wächst gerade und ist nur wenig verzweigt. Die stark gefiederten Blätter sind gegenständig. Die hellroten, zahlreichen Blüten stehen am Ende des Stängels in Doldenrispen.

Anwendung: Obwohl im eigentlichen Sinne keine essbare Wildpflanze, wird Baldrian dennoch in diesem Buch aufgeführt, da sie weltweit eine wichtige, seit langer Zeit bekannte und genutzte Droge ist. Vor allem bei Schlaflosigkeit, nervöser Erschöpfung, Überarbeitung und verschiedenen Erregungszuständen wirkt die anerkannte Arzneipflanze beruhigend und krampflösend. Baldrian ist eine sehr gute und wirksame Alternative zu den heute gebräuchlichen Psychopharmaka, da die Pflanze nicht abhängig macht und nicht deren hypnotische Wirkung entwickelt.

Verwendet wird der im Herbst gegrabene Wurzelstock, aus dem sich leicht ein Tee zubereiten lässt. In Mittelamerika wird von Eingeborenen eine verwandte Art verwendet, um Hungergefühl zu unterdrücken.

Besonderes: Die Art ist sehr formenreich und wird heute von den Botanikern in mehrere Kleinarten unterteilt.

Vorsicht: Eine Überdosierung führt zu Kopfschmerzen und Übelkeit.

Bärlauch *Allium ursinum*

Synonyme: Waldknoblauch, Hexenzwiebel, Rams

Gefährdung: In einigen Bundesländern vom Aussterben bedroht.

Vorkommen: Der Bärlauch ist in Europa, Kleinasien, im Kaukasus sowie in Sibirien verbreitet und stellenweise häufig. Er kommt in Laubmisch- und Auwäldern vor und liebt nährstoffreiche, lehmige Böden.

(md)

Beschreibung: Die bis zu 40 cm hoch werdenden Pflanzen haben einen meist dreikantigen Stängel, an dessen Ende die aus vielen Einzelblüten bestehende abgeflachte, schneeweiße Blütenkugel sitzt. Meist nur zwei länglich-elliptische Blätter, die direkt aus der Zwiebel entspringen. Bärlauch blüht von April bis Juni. Nach der Fruchtreife sterben die oberirdischen Teile schnell ab.

Zubereitung: Man kann Blätter, Stängel und Zwiebel verwenden. Frisch hat Bärlauch eine sehr große Würzkraft, die man durch Erhitzen abmildern kann. Die Pflanze kann wie Zwiebel oder Knoblauch verwendet werden.

Anwendung: In der Volksmedizin wird Bärlauch manchmal wie sein aus Indien stammender Verwandter, der Knoblauch (*Allium sativum*) verwendet. Die Pflanze wirkt abführend und entschlackend.

Besonderes: Der Geruch der Pflanze ist sehr intensiv. Er haftet noch lange an den Händen, auch wenn man sie sich gründlich gewaschen hat.

Vorsicht: Die Blätter ähneln stark denen des **tödlich giftigen Maiglöckchens** (*Convallaria majalis*) und der ebenfalls **tödlich giftigen Herbstzeitlosen** (*Colchicum autumnale*). Beide entwickeln beim Zerreiben aber nicht den typischen Knoblauchgeruch.

Markgräfler Bärlauchsuppe (vom Weingut Frick in Binzen)

▷ 2 bis 3 gute Handvoll Bärlauch grob hacken und mit 1 EL Olivenöl kurz in einer Pfanne zusammenfallen lassen.
▷ Eine Zwiebel würfeln, mit 1 EL Olivenöl glasig dünsten, mit 20 cl Fleisch oder Gemüsebrühe auffüllen,
▷ 10 cl frische Sahne dazugeben, kurz aufwallen lassen, gedünsteten Bärlauch dazu geben, mit dem Zauberstab pürieren, durch ein Sieb streichen, einige kalte Butterwürfelchen dazu, und mit dem Zauberstab aufschäumen und in vorgewärmte Suppenteller gießen.
▷ Croutons drüberstreuen, 3 bis 5 längs halbierte Scampis in Olivenöl glasig gebraten, reingleiten lassen, mit
▷ 1 EL geschlagener Sahne und Pfeffer aus der Mühle anrichten!
▷ Weinempfehlung: Weißburgunder oder Chardonnay

Beifuß *Artemisia vulgaris*

Synonyme: Besenkraut, Wilder Wermut

Vorkommen: Wilder Wermut kommt vor allem auf Schutthalden, auf Ödland, an Wegrändern, Bahndämmen und Flussufern oder Waldrändern vor. Die Pflanze ist in Europa, Asien sowie Nord- und Südamerika weit verbreitet und kommt stellenweise sehr häufig vor.

Beschreibung: Die aufrechten, reichastigen und gerillten Stängel werden bis zu 2 m hoch. Die Blätter sind auf der Oberseite dunkelgrün und ohne Haare. Auf der Unterseite sind sie filzig weiß behaart. Die Blütenköpfe stehen kurzgestielt in vielblütigen Rispen im oberen Teil der Pflanze.

Zubereitung: Für die Küche eignen sich am besten die kurz vor dem Aufblühen im Juli oder August gesammelten Blütenrispen. Frisch oder getrocknet eignen Sie sich besonders gut als aromatisches Gewürz in Suppen oder Saucen. Da die Pflanze die Verdauung anregt, wird sie vor allem bei fetten Speisen wie Ente oder Gans gern verwendet.

Besonderes: In einigen Ländern wird Beifuß angebaut.

Ähnliche Arten: Der auf allen Kontinenten heimische Wermut (*A. absinthium*) ist seit dem Altertum eine beliebte Heilpflanze. Im Unterschied zum Wilden Wermut sind dessen Blätter auf beiden Seiten weißfilzig.

Vorsicht: Bei der Einnahme von Beifuß und vor allem Wermut (*A. absinthium*) kann es zu Überdosierungen kommen, die u. a. zu Krämpfen führen können. Bekannt sind die vielen schweren Vergiftungen durch Absinthlikör, die dazu geführt haben, dass in vielen Ländern das Brennen dieser Spirituose verboten wurde.

Beinwell *Symphytum officinale*

Synonyme: Beinwurz, Schwarzwurz, Honigblume

Vorkommen: Beinwell kommt im größten Teil Europas vor. Die Pflanzen lieben nasse Wiesen, Auen- und Bruchwälder. Gut gedeihen sie an Gräben sowie Bach- und Flussrändern auf nassem, stickstoffhaltigem Boden.

Beschreibung: Die zu den Borretschgewächsen zählende Pflanze kann bis zu 80 cm hoch werden. Der vierkantige Stängel ist, wie auch die Blätter rau behaart. Die großen, lanzettförmigen Blätter laufen deutlich

am Stängel herab. Die glockenförmigen Blüten sind schmutzig violett-purpurn oder gelblich weiß. Sie hängen traubenähnlich in den Blattachseln nach unten.

Zubereitung: Zum Essen sollten Sie nur junge Triebe oder Blätter verwenden, ältere Blätter schmecken oft bitter. Eine leckere Mahlzeit liefern in Pfannkuchenteig getauchte Blätter, die in heißem Öl ausgebacken werden. Auch Salate oder Gemüse können durch die jungen Blätter bereichert werden. Wer Appetit auf Süßes hat, kann die Blüten aussaugen.

Anwendung: Der deutsche Name Beinwell deutet darauf hin, dass die Pflanze früher zur Heilung von Knochenbrüchen verwendet wurde. Noch heute wird ein Umschlag mit Beinwell oder einer Salbe mit dem Extrakt der Pflanze zur Linderung von Knochenhaut- und Sehnenscheidenentzündungen, Verrenkungen, Zerrungen oder Prellungen benutzt.

Vorsicht: Die Pflanze enthält Alkaloide und Gerbstoffe, die in großen Mengen genossen das zentrale Nervensystem lähmen können. Kleinere Mengen sind dagegen unbedenklich.

Hängebirke *Betula pendula*

Synonyme: Warzenbirke, Weißbirke, Sandbirke

Vorkommen: Die Hängebirke ist in ganz Europa und weiten Teilen Asiens verbreitet. Der anspruchslose Baum wächst in Eichen- und anderen Laubwäldern, auf Brachen und Schutthalden, in Heiden, Mooren und auf Magerrasen.

Beschreibung: Der knapp 30 m hoch werdende Baum fällt durch seine weißliche Rinde auf. Die Blätter sind herzförmig und gesägt. Die jüngeren Triebe hängen nach unten. Charakteristisch sind auch die warzigen Harzdrüsen an den Zweigspitzen.

Zubereitung: Im Mai und Juni können Sie die noch jungen Blätter verwenden. Ältere

Blätter sind dagegen häufig bitter. Gut eignen sich die Blätter, die einen hohen Gehalt an Vitamin C haben, als Zutat in Salaten jeder Art. Fein gehackte Blätter unter Weich- oder Frischkäse gerührt verleihen diesen einen besonderen Geschmack. Auch Rühreiern kann man so eine pikante Note verleihen.

Anwendung: Aus den Birkenblättern wird ein harntreibender Tee hergestellt, der auch bei Nierensteinen helfen soll.

Besonderes: Birken haben winzige, geflügelte Samen, die durch den Wind weit verbreitet werden und daher auch an ganz ungewöhnlichen Orten, wie z. B. in Dachrinnen, keimen können.

Ähnliche Arten: Ca. 50 Arten, die auf der ganzen Nordhalbkugel verbreitet sind. Neben der Hängebirke ist die Moorbirke (*B. pubescens*) am bekanntesten und für die Ernährung am geeignetsten. Sie unterscheidet sich von der Hängebirke durch die stets aufrecht wachsenden jungen Triebe. Außerdem sind die jungen Blätter bei der Moorbirke beiderseits flaumig behaart.

Vorsicht: Bei Herz- oder Nierenschwäche sollten Sie keinen Birkentee trinken.

Blaubeere *Vaccinium myrtillus*

Synonyme: Heidelbeere, Glücksbeere, Bickbeere

Vorkommen: Die Blaubeere ist ein anspruchsloser Strauch, der in ganz Mittel- und Nordeuropa weit verbreitet ist. Sie liebt lichte Laub- und Nadelwälder, Heiden und Wegränder mit nährstoffarmen, meist sauren Böden und dringt in Höhen bis zu 2.500 m vor.

Beschreibung: Blaubeeren sind Zwergsträucher, die eine Höhe von ca. 50 cm erreichen. Die kantigen, grünen Zweige sind stark verästelt. Die von Mai bis Juli aufgehenden Blüten sind grünlich, bisweilen zartrosa überlaufen. Die blauschwarzen, oft weiß bereiften Beeren sind sehr saftig und können von Juli bis September gesammelt werden.

Zubereitung: Für die Zubereitung von Blaubeeren gibt es eine Unmenge von Möglichkeiten, von denen hier stellvertretend nur einige erwähnt werden können. Sehr lecker sind z. B. Blaubeerpfannkuchen. Aus Skandinavien kommt die dort sehr beliebte Blaubeersuppe (Blåbärsoppan). Gezuckerte frische Blaubeeren sind ein leckeres Kompott. Auch Wein oder Likör lässt sich aus den Beeren herstellen.

Anwendung: Heidelbeeren sind ein ideales Mittel zur Bekämpfung von Sommer- oder Urlaubsdurchfall. Allerdings darf man in diesen Fällen die Beeren nicht roh essen, da sie dann wegen des Fruchtsäuregehaltes und der Kerne eher eine abführende Wirkung haben.

Bereiten Sie deshalb einen Tee aus 3 bis 4 Esslöffeln Blaubeeren, die Sie 10 Minuten in 0,5 l Wasser auskochen. Auch für Säuglinge und Kleinkinder ist dieser Tee geeignet, da er gut schmeckt und gern getrunken wird.

Besonderes: Wegen der großen Beliebtheit der Beeren wurden in der Zwischenzeit Kulturpflanzen gezüchtet, die deutlich größere Früchte hervorbringen. Allerdings können diese geschmacklich mit den wildwachsenden nicht mithalten.

Vorsicht: Die Blätter sind in größeren Mengen genossen giftig.

Große Brennnessel *Urtica dioica*

Synonyme: Scharfnessel, Eselskraut

Vorkommen: Die weit verbreitete Pflanze gilt als Kosmopolit. Sie kommt an Wegrändern, auf Schuttplätzen an Flussufern oder in Gärten z.T. sehr häufig vor. Sie ist ein Stickstoffanzeiger und in Siedlungen oder deren Nähe besonders häufig.

Beschreibung: Brennnesseln können bis zu 1,5 m hoch werden. Der vierkantige, unverzweigte Stängel wächst aufrecht. Die ganze Pflanze ist mit Brennhaaren besetzt. Die gezähnten, gegenständigen Blätter sind länger als ihr Stiel.

Zubereitung: Ab April lassen sich die jungen Blätter und Triebe ernten. Wegen des hohen Vitamin C- und Eisengehaltes sind sie ein wertvolles Nahrungsmittel. Getrocknet oder gekocht verlieren die Brennhaare ihre Wirkung. Brennnesseln kann man auf vielfältige Weise zubereiten. Beliebt ist z. B. Brennnesselspinat, ein Gericht, das wie herkömmlicher Spinat zubereitet wird. Fein gehackt in Salaten, Quark oder anderen Weichkäsen geben sie den Speisen eine besondere Note. Auch Suppen oder Eintöpfe lassen sich mit Brennnesseln anreichern.

Besonderes: Durch das in den Brennhaaren sitzende Nesselgift in Verbindung mit einem besonderen Eiweiß entstehen bei Berührung die unangenehm juckenden Nesselquaddeln auf der Haut. Zur Auslösung dieser Wirkung genügt schon ein Zehnmillionstel Gramm.

Ähnliche Arten: Die kleine Brennnessel (*Urtica urens*) kann wie ihre große Schwester verwendet werden. Sie unterscheidet sich von der Großen Brennnessel dadurch, dass zumindest im unteren Bereich der Pflanze die Blätter kürzer als ihr Stiel sind.

Brennnesselnocken

Brennnesselnocken

für 4 Personen

▷ Eine Zwiebel anbraten, 200 g frische Brennnesseln dazu und kurz andünsten.

▷ 350 g gekochte und passierte Kartoffeln, eine Prise Salz, 1 Ei und 150 g Mehl beigeben (wer mag noch Speck und Parmesanwürfel).

▷ Nocken formen und in Salzwasser kochen. Die Nocken sind fertig, sobald sie oben schwimmen.

▷ Mit zerlassener Butter und geriebenem Parmesan servieren.

Brombeere *Rubus fruticosus*

Vorkommen: Brombeeren sind auf der ganzen nördlichen Halbkugel in den gemäßigten Zonen bis in Höhen von etwa 1.500 m verbreitet. Sie kommen vor allem in Wäldern und Lichtungen, an Waldrändern, in Hecken und an Wegrändern vor.

Beschreibung: Brombeeren werden bis zu 2 m hoch und bilden vielfach ein dichtes Gestrüpp. Der Stängel ist mit kräftigen Stacheln besetzt, ebenso die Hauptader auf der Unterseite der Blätter. Die weißen bis rosafarbenen Blüten entwickeln sich zu schwarzen, saftigen Früchten (Sammelnussfrucht), die aus vielen kugeligen, kleinen Nussfrüchten bestehen.

Zubereitung: Die saftigen, aromatischen Brombeeren sind ein ideales Obst, um roh gegessen zu werden. Sie enthalten Fruchtsäuren sowie geringe Mengen Oxalsäure. Als Fruchtsuppe oder zusammen mit Sauerkirschen als Grütze sind sie an warmen Tagen mit kalter Milch ein wohlschmeckendes und erfrischendes Mittagessen. Die Früchte können zu Marmelade, Gelee oder Saft verarbeitet werden. Besonders gut schmeckt Marmelade oder Gelee aus gleichen Teilen Brombeeren und Holunder. Aus Saft, Zucker, reinem Trinkalkohol und etwas Rum lässt sich ein feiner Likör herstellen, der nicht nur von älteren Damen gern getrunken werden wird.

Anwendung: Aus den zunächst in der Sonne und anschließend im Schatten getrockneten Blättern kann man einen wohlschmeckenden Tee herstellen, der zudem bei Durchfall hilft.

Besonderes: Brombeeren werden in ganz Europa als Kulturpflanzen gezogen, die gelegentlich verwildern.

Ähnliche Arten: Von den Brombeeren gibt es mehrere hundert Arten und Unterarten, deren Abgrenzung z.T. sehr schwierig und noch nicht endgültig geklärt ist.

Brunnenkresse *Nasturtium officinale*

Synonyme: Wassersenf, Bachkresse

Gefährdung: In einigen Bundesländern gefährdet.

Vorkommen: Brunnenkresse ist ursprünglich auf der ganzen Welt zu Hause. Heute aber, durch Trockenlegung oder Verschmutzung von Gewässern in vielen Gegenden selten geworden oder bereits verschwunden. Brunnenkresse gehört zu den Pflanzen, die in sauberen, fließenden Bächen, Quellen oder Gräben wachsen.

Beschreibung: Die hohlen, teils kriechenden Stängel erreichen eine Länge von 80 cm. Die Wurzeln werden sehr lang und können oft mehrere Meter bis auf den Grund des Gewässers reichen. Die dunkelgrünen, fleischigen Blätter sind gefiedert. Die kleinen, von Juni bis September aufgehenden Blüten sind weiß mit gelben Staubbeuteln. Die Samen reifen in zwei Reihen in dicken, 1 bis 2 cm langen Schoten.

Zubereitung: Die Vitamin-C-reichen Blätter mit ihrem scharfen Geruch und rettichartigem Geschmack können das ganze Jahr über gesammelt werden. Sie sind gut geeignet als Beigabe in Gemüse, Suppen, Eintöpfen oder Salaten. Gehackt unter Weich- oder Frischkäse gemischt verleihen sie diesen einen interessanten Geschmack. Gut schmeckt auch Rührei mit grob gehackter Brunnenkresse.

Anwendung: Wer unter Verdauungsstörungen leidet, sollte morgens einige Blätter der Pflanze zerkauen. Bei unreiner Haut soll eine Kompresse mit zerdrückter Brunnenkresse helfen.

Vorsicht: Schwangere sollen Brunnenkresse nicht essen. Um Infektionen durch Parasiten, wie z. B. den Leberegel, zu vermeiden, sollten die Pflanzen vor dem Verspeisen sorgfältig gereinigt werden. Am sichersten ist es, wenn Sie das Kraut gründlich abkochen oder gut anbraten.

Rotbuche *Fagus sylvatica*

Vorkommen: Die Rotbuche kommt in ganz Mitteleuropa vor. Sie ist der wichtigste Laubbaum dieser Region. Auf nährstoffreichen und mehr oder weniger kalkhaltigen, lehmigen Böden setzt sie sich gegenüber fast allen anderen Arten durch und verdrängt diese.

Beschreibung: Typisch für die Buche sind die dreikantigen Nüsse mit ihrer glänzenden, rotbraunen Schale, die meist zu zweit in einem weichstacheligen, holzigen Fruchtbecher sitzen. Der mächtige, bis zu 40 m hohe

Baum hat eine glatte Rinde. Die Blätter sind ganzrandig und bewimpert. Neben der normalen Form gibt es zahlreiche Varietäten, wie z. B. die Blutbuche mit dunkelroten Blättern.

Zubereitung: Verwendet werden können die würzig schmeckenden Blätter und die Bucheckern, die einen nussartigen Geschmack haben. Die Blätter sollten möglichst jung und zart sein, weil ältere Blätter bitter schmecken. Die Blätter sind eine gute Beigabe in Salaten, eignen sich aber gehackt auch als würzendes Mittel in Weichkäse. Aus den fast 50 % Öl enthaltenden Bucheckern wurde in Notzeiten ein Speiseöl gewonnen. Sie lassen sich gut als Nussersatz zur Geschmacksverbesserung z. B. in Salaten verwenden.

Besonderes: Interessant ist, dass der Begriff „Buch“ von dem Namen des Baumes abgeleitet ist. So wurden die früher gebräuchlichen zusammengehefteten Tafeln aus beschriftetem Buchenholz einfach „Buch“ genannt. Da das Holz des Baumes im frischen Zustand rötlich ist, hat man dem Baum den Namen Rotbuche gegeben.

Vorsicht: Bucheckern nicht in größeren Mengen verzehren.

Dost *Origanum vulgare*

Synonyme: Oregano, Wilder Majoran

Gefährdung: In einigen Bundesländern gefährdet oder vom Aussterben bedroht.

Vorkommen: Auf der gesamten Nordhalbkugel an Böschungen, in Gebüschen, auf Wiesen und an Wald- und Wegrändern verbreitet. Die Pflanze liebt trockene, warme, kalkreiche Böden.

Beschreibung: Gut 50 cm hohe Pflanze mit kantigen, behaarten Stängeln, die sich erst im oberen Teil verzweigen. Die kurzgestielten Blätter sind eiförmig, vorne mit einer rundlichen Spitze. Sie sind samtartig behaart und besitzen auf der Unterseite kleine Drüsen. Die Blüten sind purpurn, rosa oder weißlich rot und in Büscheln angeordnet. Charakteristisch ist der durch ätherische Öle hervorgerufene aromatische, thymianähnliche Geruch, der durch Zerreiben der Blätter oder Blüten verstärkt wird.

Zubereitung: Von Juni bis August kann man die blühenden Stängel mit den Blättern ohne die dicken Stängel sammeln und anschließend im Schatten langsam trocknen. Die frischen, jungen Blätter eignen sich gut als Beigabe zu Salaten.

Der getrocknete Dost ist ein hervorragendes Gewürz, das das ganze Jahr über zur Verfügung steht. In südländischen Nudelgerichten und vor allem auf Pizza ist er ein klassischer Bestandteil. Wegen seiner verdauungsfördernden Wirkung ist er besonders zum Würzen fetter Speisen geeignet.

Anwendung: Bei Appetitlosigkeit, Verdauungsbeschwerden oder Magen-Darmerkrankungen hilft oft ein Tee aus getrockneten Blättern, die mit kochendem Wasser übergossen werden und anschließend 10 Min. ziehen müssen.

Eberesche *Sorbus aucuparia*

Synonyme: Vogelbeere, Drosselbeere

Vorkommen: Die Eberesche ist in Europa und im nordwestlichen Asien weit verbreitet. In Nordamerika wird sie häufig kultiviert und verwildert stellenweise. Sie kommt in lichten Laub- und Nadelwäldern, in Bruchwäldern und an den Rändern von Mooren vor.

Beschreibung: Ebereschen sind winterkahle Bäume, die manchmal auch wie ein Strauch wachsen können. Sie haben eine sehr glatte Borke und werden bis zu 15 m hoch.

Die Blätter sind unpaarig gefiedert mit langen, scharf gezähnten Fiederblättchen. Die weißen am Ende der Zweige stehenden Blütenstände entwickeln sich im Oktober/November zu den leuchtend roten Vogelbeeren.

Zubereitung: Vogelbeeren eignen sich zusammen mit anderen Früchten wie z. B. Äpfel oder Birnen zur Zubereitung von Gelee oder Marmeladen, da sie sehr gut gelieren und dem Fruchtaufstrich einen angenehm herben Geschmack verleihen.

Besonderes: Die Beeren werden im Herbst nicht abgeworfen. Sie bleiben bis zur nächsten Vegetationsperiode am Baum und dienen Vögeln in der nahrungsarmen Zeit als willkommene Mahlzeit. Über diesen Weg werden die Samen, die in den Beeren sitzen, auch weit verbreitet. Sie passieren den Verdauungstrakt unzerstört, werden wieder ausgeschieden und können weit vom Heimatbaum keimen.

Ähnliche Arten: Im Mittelmeerraum heimisch ist der Speierling (*S. domestica*), der mancherorts wegen seiner Früchte angepflanzt wurde. Seine Früchte werden analog verwendet. Ein weiterer Vertreter aus der Gruppe ist die Mehlbeere (*S. aria*), deren Früchte aber sehr mehlig sind.

Vorsicht: Die frischen Früchte sind wegen des hohen Gerbstoffgehaltes und anderer Inhaltsstoffe roh ungenießbar bis schwach giftig. Sie sollten nur zubereitet gegessen werden.

Echter Eibisch *Althaea officinalis*

Synonyme: Samtpappel, Heilwurz

Gefährdung: In einigen Bundesländern stark gefährdet oder bereits ausgestorben.

Vorkommen: Eibisch kommt in ganz Europa und Asien auf mehr oder weniger feuchten, meist salzhaltigen Böden vor. Er gilt als Salz- und Basenzeiger.

Beschreibung: Der Echte Eibisch gehört zu den Malvengewächsen. Die von Juli bis September blühenden Pflanzen werden zwischen 60 und 125 cm hoch. Die etwa 5 cm breiten Blüten bestehen aus 5 herzförmigen, seidig glänzenden weißen, rotvioletten oder hellrosa Kronblättern.

Zubereitung: Aus den Wurzeln, die sehr kohlehydratreich sind und angenehm schmecken, kann man eine Süßspeise zubereiten. Besonders in England war diese Speise lange Zeit sehr beliebt. Sie wurde nach dem englischen Artnamen der Pflanze *Marshmallow* genannt.

Anwendung: Eibischblätter und -wurzeln sind wegen ihrer schleimlösenden Wirkung und des angenehmen Geschmacks in vielen Hustenteemischungen enthalten.

Ähnliche Arten: In Mitteleuropa kommen neben dem Eibisch noch die Stockrose (*A. rosea*) und der Raue Eibisch (*A. hirsuta*) vor. Während der Raue Eibisch nicht höher als 50 cm wird, erreicht die Stockrose Größen von bis zu 3 m. Die Stockrose, kann, wie der Echte Eibisch, zu Heilzwecken verwendet werden. Die Pflanze wurde im 16. Jahrhundert aus dem östlichen Mittelmeerraum bei uns eingeführt und wird seitdem häufig in Gärten kultiviert. Ihre Blüten kann man zum Färben von Speisen und Getränken nutzen.

Stiel-Eiche *Quercus robur*

Synonyme: Sommer-Eiche

Vorkommen: Die Stiel-Eiche ist in großen Teilen Europas und Asiens weit verbreitet und häufig. Als wertvoller Forstbaum wird sie häufig angebaut.

Beschreibung: Eichen sind mächtige, sommergrüne Bäume, die sehr tief wurzeln und Höhen von über 40 m bei einem Stammdurchmesser von bis zu 3 m erreichen können. Typisch sind die gelappten, länglichen Blätter und die Eicheln, die an langen Stielen in einem mehr oder weniger flachen Fruchtbecher hängen. Eichen können sehr alt werden. In Westfalen soll mit 1.200 Jahren der älteste Baum Deutschlands stehen.

Zubereitung: Die Eicheln können geröstet und gemahlen als Kaffee-Ersatz verwendet werden. Mit feingemahlenen Eicheln als Mehlersatz lässt sich Brot backen.

Ähnliche Arten: Von der Stiel-Eiche unterscheidet sich die Trauben- oder Stein-Eiche (*Quercus petraea*) dadurch, dass die Blätter an einem 1 bis 3 cm langen Stiel sitzen, während dieser bei der Stiel-Eiche höchstens 0,5 cm lang ist. Außerdem kommt die Trauben-Eiche eher im Westen und in höheren Lagen des Verbreitungsgebietes vor. Beide Arten bastardisieren häufig.

Besonderes: Wegen des hohen Gerbstoffgehaltes der Rinde wurden Eichen in früheren Zeiten geschält. Aus der getrockneten Rinde wurde anschließend der für die Lederindustrie zum Gerben in großen Mengen benötigte Gerbstoff gewonnen.

Vorsicht: Speisen und Getränke, die mit Eicheln zubereitet wurden, sollten wegen des hohen Gerbstoffgehaltes nicht über einen längeren Zeitraum verwenden.

Erdbeere *Fragaria vesca*

Synonyme: Walderdbeere

Vorkommen: Die Erdbeere kommt in der nördlichen gemäßigten Zone Europas und Asiens vor allem in lichten Wäldern, auf Kahlschlägen, an Waldrändern und -wegen vor. Stellenweise ist sie sehr häufig.

Beschreibung: Charakteristisch für die Pflanzen sind die langen, wurzelnden Ausläufer. Die dreiteiligen, langgestielten Blätter sind auf der Oberseite glänzend sattgrün, auf der Unterseite gräulichgrün. Die weißen Blüten entwickeln sich zu wohlschmeckenden Früchten.

Zubereitung: Die Früchte haben einen sehr hohen Anteil an Zuckern (bis zu 10 % des Frischgewichtes) und schmecken daher sehr süß. Sie sind ideal für Obstsalate oder als Beigabe in süßen Speisen. Wer Erdbeerbowle mag, sollte dieses Getränk einmal mit wildwachsenden Walderdbeeren versuchen. Für eine gute Bowle benötigt man nur eine

Handvoll dieser aromatischen Früchte. Aus den Blättern, die einen Gerbstoff enthalten, lässt sich ein Tee zubereiten, der an den grünen chinesischen Tee erinnert.

Ähnliche Arten: Die Zimt-Erdbeere (*F. moschata*) ist von der Walderdbeere kaum zu unterscheiden. Die Früchte dieser seltenen Wildpflanze schmecken sehr würzig. Eine weitere, schwer zu unterscheidende Verwandte ist die Knackelbeere (*F. viridis*), deren Früchte allerdings etwas fade schmecken. In Nordamerika ist die Scharlach-Erdbeere (*F. virginiana*) heimisch, die in Europa stellenweise eingebürgert wurde. Darüber hinaus gibt es eine Vielzahl von Kulturformen, deren Aroma sich aber nicht mit dem der Wildformen messen kann.

Gemeine Esche *Fraxinus excelsior*

Synonyme: Echte Esche

Vorkommen: Die Echte Esche ist in ganz Mitteleuropa und Kleinasien in Auen- und Laubmischwäldern weit verbreitet. Sie wird häufig als Straßenbaum oder zur Holzgewinnung gepflanzt.

Beschreibung: Die Esche gehört zur Familie der Ölbaumgewächse, zu der u. a. auch Flieder und Jasmin gehört. Eschen sind bis zu 40 m hoch werdende sommergrüne Laubbäume. Die 20 bis 30 cm langen Blätter

sind unpaarig gefiedert, mit 9 bis 13 oval bis eiförmigen, ungestielten Fiederblättern, die entlang der Mittelrippe rotbraun behaart sind. Im Winter sind die tiefschwarzen Knospen besonders auffallend. Die länglichen, flachen Früchte sind in nach unten hängenden Rispen zusammengefasst. Sie sind zunächst grün und werden erst im Spätherbst braun. Bis weit in den Winter hinein bleiben Sie am Baum hängen.

Zubereitung: Schmackhaft sind die jungen Früchte der Esche, die sich gut als Gemüse eignen. Dazu kochen Sie sie ab und lassen Sie hinterher einige Stunden in einer Kräutermarinade ziehen. Das Kochwasser sollte nicht verwendet werden.

Besonderes: In der Mythologie der Germanen hat die Esche eine wichtige Bedeutung. Von ihr berichtet die Edda, eine Handschrift aus dem 13. Jh., als Weltenbaum Yggdrasil, der in der Unterwelt verwurzelt ist, mit dem Stamm die Erde trägt und mit ihrer Krone den Himmel stützt. In einigen Alpengegenden, wie z. B. in Südtirol oder im Tessin, dient das Laub der Eschen als Winterfutter für Ziegen und Schafe.

Ähnliche Arten: Aus Südeuropa und Kleinasien kommt die Manna Esche (*F. ornus*), die auch in Mitteleuropa häufig angepflanzt wird und gelegentlich verwildert. Der Blutungssaft dieser Esche, der zum großen Teil aus Mannit besteht, wird in der Medizin als Abführmittel genutzt.

Feigenkaktus *Opuntia ficus-indica*

Vorkommen: Der Feigenkaktus gehört zur Familie der Kaktusgewächse (*Cactaceae*), die mit über 2.000 Arten vor allem in den trockenen, wärmeren Gebieten Amerikas verbreitet sind. Die Heimat des Feigenkaktus ist Nordamerika, wo er in Gegenden mit sandigen, trockenen Böden und geringen, unregelmäßigen Niederschlägen wächst. Durch Verschleppung ist diese Kakteenart inzwischen in vielen Gebieten der Erde eingebürgert worden. Dazu gehört u. a. der Mittelmeerraum sowie Australien.

(md)

Beschreibung: Der Feigenkaktus gehört zu den stammsukkulenten Pflanzen. Bei ihnen haben sich die Sprosse zu wasserspeichernden Organen entwickelt. Auch die Photosynthese wird von ihnen übernommen, weshalb Blätter meist nur rudimentär entwickelt sind. Beim Feigenkaktus sind die einzelnen fleischigen Sprossensegmente abgeflacht birnenförmig und mit zahlreichen, wehrhaften Stacheln besetzt. Die Blätter sind kaum zu sehen und fallen gleich nach ihrem Erscheinen wieder ab. Feigenkakteen haben auffällig große, leuchtend gelbe Blüten, die einen Durchmesser von bis zu 7 cm erreichen. Die Früchte sind gelb, rot oder purpurn.

Zubereitung: Das Fleisch der reifen Früchte ist sehr wohlschmeckend und kann roh gegessen werden oder zu einer leckeren Konfitüre oder Gelee verarbeitet werden. Die Sprosse kann man nach dem Schälen braten oder über offenem Feuer rösten und als Gemüsebeilage verwenden.

Besonderes: Der Feigenkaktus ist die Nährpflanze für die Cochenille-Schildlaus, aus deren Körpersaft der rote Farbstoff Carmin gewonnen wird. Carmin wird u. a. in der Lebensmittelindustrie als Farbstoff verwendet.

Vorsicht: Beim Hantieren mit Feigenkakteen sollten Sie sehr vorsichtig zu Werke gehen, um sich nicht an den Stacheln zu verletzen. Derbe Handschuhe aus Leder leisten dabei gute Dienste.

Feldsalat *Valerianella locusta*

Synonyme: Rapunzel, Rapünzchen

Gefährdung: In einigen Bundesländern gefährdet. Einige verwandte Arten z.T. stark gefährdet oder auch schon ausgestorben.

Vorkommen: Der Feldsalat kommt von Südeuropa bis Skandinavien und im westlichen Asien vor. In Nordamerika ist er inzwischen eingebürgert. Er kommt vornehmlich an Wegrändern, in Hecken, in Gärten und Weinbergen sowie in Unkrautbeständen auf Äckern vor. Oft findet man verwilderte Kulturformen.

Beschreibung: Die Pflanzen keimen im Herbst. Zunächst wächst nur die grundständige Blattrosette, die den Winter überdauert. Im Frühjahr wachsen aus dieser Rosette mehrere Blütensprosse heraus, die bis zu 20 cm hoch werden können. Am Ende der Stängel sitzen in dichten Trugdolden die kleinen blassblauen Blüten.

Zubereitung: Feldsalat ist die typische Salatpflanze schlechthin. Genutzt werden nur die Blätter der grundständigen Blattrosette. Die Pflanze lässt sich aber nicht nur als Salat verwenden. Auch gehackt oder in Streifen geschnitten eignet sie sich gut als Beigabe in Suppen oder Eintöpfen, wobei man sie wegen ihrer zarten Konsistenz allerdings erst kurz vor dem Auftischen zugeben sollte.

Besonderes: Seit Anfang des 17. Jahrhunderts wird der Feldsalat als Salatpflanze angebaut und heute in zahlreichen Varietäten kultiviert.

Ähnliche Arten: Daneben gibt es noch etwa 60 weitere verwandte Arten, die z.T. nur anhand ihrer Früchte zu unterscheiden sind.

Rotfichte *Picea abies*

Synonyme: Rottanne

Vorkommen: Die Rotfichte kommt in weiten Teilen Europas und Asiens vor und ist in Deutschland mit fast 50 % der häufigste Nadelbaum.

Beschreibung: Die Rotfichte ist ein typischer, bis zu 60 m hoher Baum mit vierkantigen, sehr spitzen, bis zu 2,5 cm langen Nadeln.

Zubereitung: Nur wenige wissen, dass man Fichten neben der forstwirtschaftlichen Nutzung nicht nur als Badezusatz verwenden kann, sondern auch als schmackhaften und gesunden (hoher Vitamin-C-Gehalt) Zusatz in Lebensmitteln. Dazu sollte man nur die im Frühjahr wachsenden, noch weichen Triebspitzen verwenden. Diese zarten Pflanzenteile können feingehackt oder mit einer Petersilienmühle zerkleinert unter Quark oder Frischkäse gemischt sowie zum Würzen von Salaten oder Suppen verwendet werden. Allerdings sollte man beachten, dass es in der Regel nicht die Zustimmung des jeweiligen Försters findet, wenn man seinen Fichten die jungen Triebe abschneidet.

Anwendung: Für einen Badezusatz kochen Sie die jungen Triebe in Wasser aus. Wenn Sie die jungen Fichtensprossen pressen, erhalten Sie einen Saft, der zusammen mit Honig eingenommen ein gutes Mittel gegen Husten ist.

Ähnliche Arten: Neben der Rotfichte lassen sich auch die anderen Fichtenarten, die mit etwa 50 Arten über die ganze Nordhalbkugel verbreitet sind und sich z.T. kaum unterscheiden, verwenden. Ähnliches gilt auch für die vielen Kiefernarten, wie z. B. die weit verbreitete Wald-Kiefer (*Pinus silvestris*).

Gänse-Fingerkraut *Potentilla anderina*

Vorkommen: Das Gänse-Fingerkraut ist in den gemäßigten Zonen weltweit verbreitet. Die häufig anzutreffende Pflanze liebt dichte, lehmige Böden an Wegen, Ufern, Bahndämmen oder auf Weiden und Brachen. Da die Pflanze auch Salz vertragen kann, ist sie ebenfalls im Dünenbereich an den Küsten zu finden.

Beschreibung: Die gelben Blüten der wintergrünen, krautigen Rosettenpflanze sitzen einzeln auf langen Stielen. Die Blüten mit einem Durchmesser von bis zu 2 cm werden von 5 breit ovalen Kronblättern gebildet. Sie blühen von Mai bis August und öffnen ihre Blüten nur bei voller Sonneneinstrahlung.

Die Blätter sind zumindest auf der Unterseite dicht weißfilzig behaart.

Zubereitung: Ein sehr schmackhaftes Gemüse lässt sich aus den Blättern zubereiten, wenn man sie in leicht gesalzenem Wasser weich kocht. Mit vorher leicht angedünsteten Zwiebeln in einer Einbrenne aus Mehl und Butter sind sie eine gute Beilage zu vielerlei Gerichten. Fein gehackt bilden sie eine gute Würze von z. B. Quark.

Anwendung: Gänse-Fingerkraut kann bei Magenkrämpfen, krampfartigen Durchfällen und ähnlichen Beschwerden im Magen-Darm-Trakt verwendet werden. Ein Tee aus getrockneten Blättern hilft starke Menstruationsbeschwerden zu lindern.

Ähnliche Arten: Es gibt eine ganze Reihe verschiedener Arten von Fingerkräutern. Ähnlich kann das im nördlichen Teil Nordamerikas vorkommende Kanadische Fingerkraut (*P. canadensis*) verwendet werden. Eine wichtige Heilpflanze ist der Blutwurz (*P. erecta*), der u. a. bei Entzündungen der inneren Schleimhäute verwendet wird.

Gänseblümchen *Bellis perennis*

Synonyme: Maßliebchen, Tausendschön

Vorkommen: Gänseblümchen sind in ganz Europa und Kleinasien heimisch. In Nordamerika und auf Neuseeland wurden sie eingebürgert. Die Pflanze wächst auf Wiesen und Weiden sowie in kurzrasigen Grasgesellschaften. Als vermeintliches „Unkraut" macht es so manchem Hobbygärtner in seinem gepflegten Rasen zu schaffen.

Beschreibung: Gänseblümchen sind mehrjährige, krautige Rosettenpflanzen, die eine Höhe von

15 cm erreichen. Die oft auch im Winter grüne Pflanze blüht fast das ganze Jahr über. Dies hat ihr auch den lateinischen Namen eingebracht, der wörtlich übersetzt „das ganze Jahr schön" bedeutet. Die Blätter sind in einer dichten, am Boden stehenden Rosette vereinigt. Sie sind länglich und gehen am Grund allmählich in den breiten Blattstiel über. Der feinbehaarte, aufrechte Blütenstängel trägt am Ende eine einzige Korbblüte. Die Korbblüte besteht aus den gelben Röhrenblüten, die von einem Kranz aus weißen, zum Ende hin oft rötlich überlaufenen Zungenblüten umgeben sind.

Zubereitung: Die Blütenknospen und vor allem die frischen Blätter sind eine gute Bereicherung von Wildpflanzensalaten. Aus den Blättern, die einen süßlichen, nussartigen Geschmack haben, lässt sich ein wohlschmeckendes Gemüse zubereiten. Fein gehackt in Suppen oder Eintöpfen geben sie diesen den letzten Pfiff. Auch Quark oder Frischkäse verleihen sie eine besondere Note. Sehr dekorativ sehen die ganzen Blüten auf einem Butter- oder Quarkbrot aus, das dann erfahrungsgemäß gern von Kindern gegessen wird.

Besonderes: Die Korbblüte ist nur bei warmem Wetter und bei Helligkeit geöffnet. Er orientiert sich, wie bei der Sonnenblume auch, nach dem Stand der Sonne, ist also morgens nach Osten und abends nach Westen gerichtet.

Giersch *Aegopodium podagraria*

Synonyme: Geißfuß, Podagrakraut, Zipperleinskraut

Vorkommen: Der Giersch ist in Europa und Asien weit verbreitet und sehr häufig. In Nordamerika wurde er eingebürgert. Er kommt in feuchten Laubmischwäldern ebenso vor wie in Gärten und Parkanlagen.

Beschreibung: Die weißen Blüten der zwischen 30 und 80 cm hoch wachsenden Pflanze stehen an langen, meist blattlosen Stielen in zusammengesetzten, flachen Dolden mit 12 bis 18 Doldenstrahlen. Der Stängel ist hohl und unbehaart. Der Giersch bildet sehr viele, weit kriechende unterirdische Ausläufer (Rhizome). Das macht ihn für Besitzer von Ziergärten zu einem Problemfall,

weil die Ausläufer nur schwer zu entfernen sind und aus jedem nicht entfernten Teilstück wieder neue Pflanzen wachsen können.

Zubereitung: Giersch ist ein sehr ergiebiger Nahrungslieferant. Die ganz jungen Blätter sind mit ihrem feinen Geschmack am besten. Je älter sie werden, desto mehr ähneln sie im Geschmack der Petersilie und eignen sich dann nur noch zum Würzen. Giersch lässt sich zu Salaten verarbeiten oder in Suppen und Eintöpfen. Sehr gut schmeckt die Pflanze wie Spinat zubereitet. Die Blattstiele lassen sich zu einem Mus zubereiten.

Anwendung: Giersch fand früher zerquetscht auf die schmerzenden Körperteile aufgelegt als Heilkraut gegen Rheumatismus und Gicht (Podagra = Zehengicht) Verwendung. Allerdings hat man bis heute keine relevanten Wirkstoffe gefunden.

Vorsicht: Die Blüten ähneln denen des **sehr giftigen Schierlings**.

Gundermann *Glechoma hederacea*

Synonyme: Gundelrebe

Vorkommen: Gundermann ist in Europa und Asien weit verbreitet und an geeigneten Standorten sehr häufig. Die Pflanze liebt Wiesen, feuchte Wälder und wächst ebenso an Weg- und Grabenrändern. In Nordamerika wurde sie eingebürgert.

Beschreibung: Gundermann ist eine krautige Pflanze, die auch im Winter grün ist. Sie hat ober- oder unterirdisch wachsende Ausläufer, die mehr als 1 m lang werden können. Aus ihnen können neue Pflanze wachsen. Charakteristisch ist der kriechende oder aufrechte, vierkantige Stängel, der an den Knoten auch Wurzel bilden kann. Die kahlen Blätter sind nieren- bis herzförmig und an den Rändern gekerbt. Die blauvioletten Blüten stehen zu mehreren in den Achseln der Blätter.

Zubereitung: Verwendet werden die Blätter, die möglichst jung sein sollten. Sie haben einen feinen, etwas herben Geschmack mit einer leicht scharfen Note. Mit ihnen lassen sich Suppen, Wildpflanzensalate und Gemüse wunderbar bereichern. Einfach zuzubereiten und gut im Geschmack sind Gundermannblätter, die in heißer Butter gedünstet werden, bis sie weich sind. Anschließend kann mit etwas Muskat und/oder Pfeffer abgeschmeckt werden. Ältere Blätter eignen sich gut zum Würzen von Quark oder Frischkäse.

Anwendung: Die getrockneten Blätter etwa 10 Min. in heißem Wasser aufgebrüht ergeben einen Tee, der Beschwerden bei Nierensteinen lindern soll.

Vorsicht: Für Tiere, z. B. Pferde, soll die Pflanze giftig sein.

Guter Heinrich *Chenopodium bonus-henricus*

Synonyme: Dorf-Gänsefuß

Gefährdung: In einigen Bundesländern gefährdet.

Vorkommen: Der Gute Heinrich kommt in Europa von Südskandinavien bis Italien, auf dem Balkan und in Russland vor. Er wächst an Mauern oder Grabenrändern und macht auch vor gut gedüngten Äckern nicht halt. Er ist ein typischer Folger bäuerlich dörflicher Kulturen und daher heute nur noch zerstreut und stellenweise selten. In Nordamerika wurde die Art eingebürgert.

Beschreibung: Die Pflanze kann bis zu 60 cm hoch werden. Die ganzrandigen Blätter sind spießförmig-dreieckig und am Rande leicht gewellt. Die ganze Pflanze ist schwach klebrig und wie mit Mehl bestäubt. Die grünlichen, unscheinbaren Blüten stehen in Ähren am Ende von Haupt- und Seitenzweigen.

Zubereitung: Der Gute Heinrich war in früheren Zeiten eine Pflanze, die zubereitet wie Spinat häufig auf den Mittagstisch kam. Inzwischen ist dieses Gemüse aber aus der Mode gekommen. Dennoch sollten Sie die Pflanze einmal wie Spinat gekocht versuchen. Die jungen Blätter können auch roh in Salaten verwendet werden. Die nahrhaften Samen können Brot- oder Kuchenteig zugesetzt werden.

Ähnliche Arten: In die nähere Verwandtschaft des Guten Heinrich gehören etwa 200 Arten, die in den gemäßigten und warmen Zonen verbreitet sind. Der Weiße Gänsefuß (*C. album*), der weltweit in den Unkrautfluren der gemäßigten Zonen verbreitet ist, lässt sich ebenso nutzen. Das Mexikanische Teekraut (*C. ambrosioides*), eine alte Heilpflanze, die im tropischen und subtropischen Amerika zu Hause ist, wurde inzwischen weltweit verschleppt und kommt stellenweise auch bei uns vor. Ihre Früchte werden als Wurmmittel genutzt. Aus den Blättern lässt sich ein Heiltee herstellen, der gegen Rheuma, Gicht und Hauterkrankungen helfen soll.

Gelber Hartriegel *Cornus mas*

Synonyme: Kornelkirsche, Herlitze, Dürlitze

Gefährdung: In einigen Bundesländern gefährdet.

Vorkommen: Das Hauptverbreitungsgebiet des Gelben Hartriegel liegt in Mittel- und Südeuropa sowie im südwestlichen Asien. Er kommt vornehmlich in trockenen Gebüschen, lichten Eichen- und Trockenwäldern vor und hat eine Vorliebe für nährstoff- und kalkreiche, lehmige Böden. Die Pflanze ist von Natur aus selten, wird aber häufig in Gärten oder an Straßen gepflanzt, von wo sie gelegentlich auch verwildert.

Beschreibung: Der Gelbe Hartriegel ist ein Strauch, der sogar zu einem Baum von bis zu 10 m Höhe heranwachsen kann. Die Pflanze ist ein Frühblüher. Sie blüht von Februar bis April, noch bevor die ersten Blätter erscheinen. Die goldgelben Blüten, die in kleinen Dolden an blattlosen Zweigen stehen, haben vier Kronblätter. Die kirschroten, leicht glänzenden, ovalen Früchte, die von Juni bis August reifen, haben zwei große Steine.

Zubereitung: Die reifen Früchte, die vom Hochsommer bis zum frühen Herbst gesammelt werden können, schmecken relativ sauer. Sie sind aber hervorragend geeignet zur Herstellung von Marmelade, Gelee, Kompott oder Fruchtsäften. Auch in Fruchtsalaten machen sich einige Kornelkirschen recht gut.

Ähnliche Arten: Zur Gattung der Hartriegelgewächse gehören etwa 50 Arten, die auf der gesamten Nordhalbkugel, mit dem Schwerpunkt Nordamerika, vertreten sind. Ähnlich wie bei unserem Gelben Hartriegel sind die Früchte vieler Arten genießbar und werden von den Indianern Nordamerikas seit langer Zeit gesammelt und zu verschiedenen süßen Speisen zubereitet.

Weit verbreitet und häufig ist in Europa der Rote Hartriegel (*C. sanguinea*), der rötliche bis rote Stiele hat. Seine Früchte sind schwarz und sehr klein. Darüber hinaus enthalten sie Bitterstoffe, weshalb sie für den menschlichen Genuss nicht geeignet sind.

Haselnuss *Corylus avellana*

Synonyme: Hasel

Blüte einer rotblättrigen Haselnuss (md)

Vorkommen: Die Haselnuss ist in weiten Teilen Europas und Westasiens verbreitet. Sie kommt häufig im Unterholz in Laubwäldern vor oder bildet Gebüsche und Hecken und liebt nährstoffreiche, lehmige Böden.

Beschreibung: Die Haselnuss ist ein sommergrüner, vielstämmiger Strauch mit glänzend graubrauner Rinde.

Die kurzgestielten Blätter sind drüsig behaart und am Rand doppelt gesägt. Der Strauch gehört zu den Frühblühern, der von Februar bis Mai blüht. Die männlichen Blüten, die charakteristischen Kätzchen, sind schon im vorhergehenden Herbst angelegt worden.

Zubereitung: Der Nusskern enthält etwa 60 % Öl, viel Eiweiß und Mineralien. Die Nüsse können roh verzehrt werden und in Obstsalaten sowie vielerlei Süß- oder Backwaren verarbeitet werden. Besonders lecker schmecken z. B. Pfannkuchen, wenn ein Teil Mehl durch gemahlene Haselnüsse ersetzt wird.

Besonderes: Die festen, biegsamen Zweige werden auch heute noch zu Körben verarbeitet. Früher wurden die Wünschelruten, mit denen nach unterirdischen Wasseradern gesucht wurde, aus den Zweigen der Hasel gefertigt.

Ähnliche Arten: Die in den Handel kommenden Nüsse stammen in der Regel von südeuropäischen Arten, wie z. B. der Lamberts-Hasel (*C. maxima*) oder der Baum-Hasel (*C. colurna*), der inzwischen u. a. durch Verwilderung in Österreich heimisch geworden ist. Darüber hinaus gibt es verschiedene z.T. gezüchtete Rassen, die als Ziergewächse in Gärten gepflanzt werden.

Himbeere *Rubus idaeus*

Vorkommen: Himbeeren kommen in weiten Teilen Europas und Asiens vor. Sie wächst an Waldrändern und auf Lichtungen sowie auf Kahlschlägen, in Gebüschen und Hecken, an Bahndämmen und Steinschutthalden.

Beschreibung: Unverkennbar sind die im Spätsommer reifenden, samtig behaarten, scharlachroten Früchte, die der Botaniker als Sammelnussfrucht bezeichnet. Der sommergrüne Strauch kann bis zu 120 cm hoch werden. Die runden, mit relativ weichen Stacheln besetzten Stängel wachsen aufrecht oder biegen sich leicht nach unten. Die zweijährigen Triebe sterben nach der Fruchtbildung ab, während die einjährigen überwintern. Im Winter verliert die Himbeere ihre Blätter.

Zubereitung: Wegen des hohen Gehalts an Vitaminen und Fruchtsäuren sowie des guten Geschmacks sind die Früchte ein wertvolles Nahrungsmittel, die seit der Steinzeit auf dem Speisezettel des Menschen

stehen. Roh oder ein wenig gezuckert gegessen schmecken sie vorzüglich. Sie eignen sich aber auch gut als Füllung oder Belag verschiedener Mehlspeisen oder Torten. Kalt gepresster, anschließend wegen der Nüsschen filtrierter Himbeersaft mit etwa der doppelten Menge Zucker vermengt ergibt Sirup.

Als Brotaufstrich eignet sich Himbeer-Konfitüre oder -Gelee bestens. Aus dem Saft lässt sich Wein herstellen, der dann in einem weiteren Schritt zum beliebten Himbeer-Geist veredelt werden kann.

Anwendung: Ein Tee aus den im Frühsommer gesammelten Blättern hilft bei Durchfall und Fieber. Himbeersaft wird oft zur Geschmacksverbesserung von Medikamenten verwendet.

Besonderes: Himbeeren werden in vielen verschiedenen Sorten gezüchtet und als Nutzpflanze angebaut. Gelegentlich findet man verwilderte Kulturpflanzen.

Ähnliche Arten: Im nördlichen Nordamerika kommt eine Verwandte (*R. spectabilis*) unserer Himbeere vor, deren Früchte orange sind.

Echtes Hirtentäschel *Capsella bursa-pastoris*

Synonyme: Blutkraut

Vorkommen: Das Hirtentäschel, ursprünglich in den gemäßigten Zonen Europas und Asiens heimisch, ist inzwischen weltweit vertreten und an vielen Orten sehr häufig. Es wächst in Unkrautbeständen auf Äckern und Gärten, auf Schuttplätzen und Brachen, an Bahndämmen und Straßenrändern. Die Pflanze liebt nähr- und stickstoffreiche Böden.

Beschreibung: Hirtentäschel ist eine einjährige Rosettenpflanze, die bis zu 70 cm groß werden kann und eine lange Pfahlwurzel hat. Charak-

teristisch sind die sich aus den weißen Blüten entwickelnden dreieckigen Schötchen, die Ähnlichkeit mit der Tasche eines Hirten hat, woher der deutsche Name stammt.

Zubereitung: Sie können die jungen Blätter, die Sie vor der Blüte ernten sollten, zusammen mit anderen Wildkräutern als Gemüse zubereiten oder in Gemüsesuppen verwenden. Auch Wildsalate werden durch einige der würzig schmeckenden Blätter bereichert. Zum Knabbern nebenbei eignen sich die kleinen, dreieckigen Früchte.

Anwendung: Hirtentäschel hat u. a. eine blutstillende Wirkung. In der Volksmedizin wurde es vor allem bei Gebärmutterblutungen und Menstruationsstörungen angewandt. Da die richtige Dosierung der Pflanze aber sehr schwierig ist, wurde sie in der Zwischenzeit durch andere Mittel verdrängt.

Vorsicht: Hirtentäschel sollte nicht über einen längeren Zeitraum oder in größeren Mengen gegessen werden. Schwangere sollten auf den Genuss ganz verzichten, da es zur verfrühten Einleitung des Geburtsvorganges führen kann.

Schwarzer Holunder *Sambucus nigra*

Synonyme: Flieder, Holler

Vorkommen: Der Holunder ist in weiten Teilen Europas, Westasiens und Nordafrikas verbreitet. Er wächst in feuchten Laub- und Mischwäldern, auf Schuttplätzen, in Hecken und Gebüschen, an Weg- und Waldrändern.

Beschreibung: Der Holunder ist ein sehr dicht verzweigter Strauch mit einer Höhe von normalerweise 3 bis 5 m, der manchmal auch die Gestalt eines Baumes annimmt und dann bis zu 10 m hoch werden kann. Die Zweige sind häufig wie ein Bogen gekrümmt. Die Blätter

sind unpaarig gefiedert und entwickeln beim Zerreiben einen typischen Geruch. Aus den in einer schirmförmigen Trugdolde stehenden weißen bis rötlichweißen Blüten reifen im August und September die glänzend schwarzen Früchte.

Zubereitung: Es gibt eine Vielzahl guter Holunderrezepte. Aus den Früchten lässt sich Saft pressen, man kann Marmelade, Gelee, Mus, Kompott, die beliebte Fliederbeersuppe oder eine Fruchtkaltschale zubereiten sowie einen schmackhaften Holunderwein herstellen. Die Blüten kann man in dickflüssigen Pfannkuchenteig tauchen und dann in der Friteuse oder der Pfanne knusprig ausbacken.

Anwendung: Suppe oder heißer Saft mit Zitrone helfen bei Erkältungskrankheiten.

Vorsicht: Die Blüten können u.U. mit denen des giftigen Schierlings verwechselt werden. Die unreifen Früchte können zu Erbrechen und Durchfall führen. Die roten Früchte des Traubenholunders (*S. racemosa*) sowie die schwarzen Früchte des Zwerg-Holunders oder Attichs (*S. ebulus*) sind giftig, auch wenn sie richtig ausgereift sind.

Hopfen *Humulus lupulus*

Vorkommen: Der zur Familie der Hanfgewächse gehörende Hopfen ist auf der gesamten Nordhalbkugel verbreitet. Er wächst in Auenwäldern sowie in Hecken und Gebüschen und liebt wärmere Lagen sowie mehr oder weniger feuchte, nährstoff- und stickstoffreiche Böden.

Beschreibung: Der Hopfen ist eine Kletterpflanze die bis 6 m, manchmal sogar über 10 m lang wird. Die fünflappigen, gezähnten Blätter wachsen gegenständig. Männliche und weibliche Blüten sitzen auf verschiedenen Pflanzen.

Kennzeichnend sind die weiblichen Blütenstände, die sogenannten Hopfendolden oder -zapfen.

Zubereitung: Die bis zum Mai gesammelten jungen Sprosse und Blätter lassen sich sehr gut zu einem Salat verarbeiten oder als Gemüse wie

Spargel zubereiten. Auch in Pfannenkuchenteig getaucht und dann in der Bratpfanne oder Friteuse ausgebacken schmecken sie sehr gut.

Anwendung: Schon seit dem Altertum ist die beruhigende Wirkung des Hopfens bekannt. Bei nervöser Unruhe, nervösen Magenbeschwerden oder Schlafstörungen hilft ein aus Hopfenzapfen zubereiteter Tee, von dem man täglich bis zu drei Tassen trinken sollte.

Besonderes: Bereits seit dem 8. Jahrhundert wird Hopfen in Deutschland angebaut. Zum Konservieren und Würzen von Bier wird er seit dem 16. Jahrhundert verwendet. Da man dazu nur die weiblichen Blüten gebrauchen kann, die außerdem auch nicht bestäubt werden dürfen, werden in Regionen mit Hopfenkulturen systematisch alle männlichen Pflanzen ausgerottet.

Huflattich *Tussilago farfara*

Synonyme: Fohlenfuß, Eselsfuß, Rosshub

Vorkommen: Huflattich ist in Europa, in Nordafrika und im westlichen und nördlichen Asien zu Hause. In Nordamerika wurde die Art inzwischen eingebürgert. Die Pflanze gehört zu den ersten Besiedlern offener Stellen. Sie wächst an Wegrändern und Ufern, auf Äckern, Schuttplätzen und Brachen.

Beschreibung: Mancherorts gilt der Huflattich als Frühlingsbote. Im März und April erscheinen, noch vor den ersten Blättern, die gelben Korbblüten. Charakteristisch ist auch der Blütenstiel mit seinen rötlichen Schuppenblättern. Die grünen Blätter erscheinen erst nach der Blüte. Sie sind langgestielt, mehr oder weniger herzförmig und unterseits weiß- bis graufilzig. Mit bis zu 30 cm im Durchmesser können sie wahre Riesen werden.

Zubereitung: Die Blätter sollten möglichst jung verwendet werden. Sie ergeben ein hervorragendes Wildgemüse oder leckere Suppe. Auch roh können sie in Salaten verwendet werden. Wegen der Größe der Blätter sind sie bestens geeignet, um andere Lebensmittel einzuwickeln. So lassen sich z. B. sehr gut schmeckende Reisröllchen herstellen. Dazu vermischt man gekochten Reis mit einer kleingehackten Zwiebel und Knoblauchzehe und würzt mit Salz und Pfeffer. Aus dem Reis Bällchen formen und mit den Blättern umwickeln. Anschließend in einem Topf mit etwas Olivenöl und Wasser gar dünsten.

Anwendung: Huflattich gilt als eines der ältesten Mittel gegen Husten überhaupt. Bereits seit dem Altertum wird die Pflanze angewandt. Sie mildert den Hustenreiz und wirkt schleimlösend.

Besonderes: In feine Streifen geschnittene, anschließend getrocknete Huflattichblätter können in der Pfeife oder auch in Zigarettenpapier eingewickelt als Zigarette geraucht werden. Angeblich soll der Rauch unschädlich sein und sogar noch bei Atemwegserkrankungen helfen.

Schwarze Johannisbeere *Ribes nigrum*

Gefährdung: Wilde Johannisbeeren sind in einigen Bundesländern stark gefährdet.

Vorkommen: Die Schwarze Johannisbeere liebt feuchte bis nasse Böden. Sie kommt vor allem in Erlenbrüchen und Auwäldern vor. Die Wildform ist relativ selten.

Beschreibung: Schwarze Johannisbeeren sind Sträucher mit einer Höhe von etwa 100 bis 150 cm, selten sogar 200 cm. Die gestielten Blätter sitzen an stachellosen Zweigen und Ästen. Die Blüten hängen in einer Traube in den Achseln der Blätter. Sie entwickeln sich zu den schwarzen Beeren. Die Pflanzen haben einen typischen Geruch.

Zubereitung: Die etwas säuerlichen Früchte haben einen sehr hohen Gehalt an Vitamin C, Pektinen und Fruchtsäuren und sind daher sehr gesund. Aus ihnen lassen sich, ohne Zusatz von weiteren Geliermitteln, Marmeladen oder Gelees herstellen.

Anwendung: Aus den getrockneten Blättern lässt sich ein wohlschmeckender Tee herstellen, der bei Halsentzündungen hilft.

Ähnliche Arten: Neben der Schwarzen Johannisbeere gibt es noch eine Reihe weiterer Arten, wie z. B. die Rote Johannisbeere (*R. silvestre*) mit roten oder selten weißen Beeren oder die Nordische Johannisbeere (*R. spicatum*), die in Nord- und Nordost-Europa sowie in Sibirien verbreitet ist und ebenfalls rote Früchte hat. Da Johannisbeeren bereits seit dem 16. Jahrhundert kultiviert werden und zu den vielgepflanzten Obststräuchern gehören, muss man immer damit rechnen, verwilderte Kulturpflanzen zu finden.

Echte Kamille *Matricaria chamomilla*

Vorkommen: Die Echte Kamille ist in Europa ein Alteinwanderer, der schon vor sehr langer Zeit bei uns eingebürgert wurde. Seit der jüngeren Steinzeit ist die Pflanze im europäischen Raum ein Kulturbegleiter. Ihre ursprüngliche Heimat liegt in Asien. Inzwischen wächst sie auch in Nordamerika und Australien. Sie ist an Wegen, in Getreidefeldern, auf Äckern und Schuttplätzen weit verbreitet und stellenweise sehr häufig.

Beschreibung: Typisch für die Echte Kamille ist ihr aromatischer Duft. Die Pflanze hat eine Höhe von 10 bis 40 cm. Der Stängel, der in mehrere Äste verzweig, ist gefurcht und unbehaart. Die Blütenköpfe stehen am Ende der Stängel an langen Stielen. Das Blütenköpfchen der zu den Korbblütern gehörenden Pflanze ist hohl und im Längsschnitt spitzkegelig aufgewölbt.

Anwendung: Die Echte Kamille zählt wohl zu den bekanntesten und ältesten Heilpflanzen überhaupt und findet daher auch in diesem Buch Erwähnung, obwohl sie nicht essbar ist. Das ätherische Öl der Pflanze enthält eine Reihe von Stoffen, die ihre entzündungshemmende, wundheilende und krampflösende Wirkung ausmachen. Für Bäder bereitet man sich aus den Blütenköpfchen und Wasser im Verhältnis 1:10 einen Aufguss. Für Tee übergießt man einige Blütenköpfchen mit heißem Wasser und lässt kurz ziehen.

Ähnliche Arten: Verwechslungen mit einzelnen Arten der Hundskamille (*Anthemis spec.*) oder der Strandkamille (*M. maritima*) sind möglich. Allerdings besitzen diese nicht den typischen, aromatischen Geruch.

Edelkastanie *Castanea sativa*

Synonyme: Esskastanie

Vorkommen: Das natürliche Verbreitungsgebiet der Edelkastanien liegt in Südeuropa und dem westlichen Asien. Sie wurden aber schon von den Römern nach Mitteleuropa und Großbritannien gebracht. Hier reifen die Früchte aber nur in besonders günstigen Lagen oder sehr warmen Sommern heran.

Beschreibung: Der sommergrüne Laubbaum erreicht Höhen von bis zu 35 m. Die Bäume können über 1.000 Jahre alt werden. Einige Exemplare haben einen Stammdurchmesser von bis zu 6 m, was von keiner anderen europäischen Baumart erreicht wird. Die länglichen, lanzettförmigen, gezähnten Blätter lassen keine Verwechslung mit der Rosskastanie (*Aesculus hippocastanum*), die 5- oder 7-fach gefingerte Blätter hat, zu. Die als Maronen bekannten Früchte sitzen zu zweit oder dritt in einem Fruchtbecher, der mit seinen vielen Dornen an einen eingerollten Igel erinnert.

Die dunkelbraunen, glänzenden Früchte ähneln denen der Rosskastanie, sind aber deutlich zugespitzt.

Zubereitung: Die Früchte enthalten gut 50 % Stärke. Am einfachsten lassen Sie sich über einem Feuer rösten, sollten dann aber an der Seite aufgeschlitzt werden, damit sie nicht zerplatzen.

Geschälte, gekochte Maronen schmecken sehr gut mit zerlassener Butter und Apfelmus. Sie können auch in einer Brühe gekocht und dann zu Püree verarbeitet werden. Ein süßes Püree erhalten Sie, wenn Sie sie in Milch mit etwas Zucker weich kochen, anschließend passieren und mit Butter oder Sahne verfeinern. Für Naschkatzen eignen sich geschälte Maronen, die gar gekocht und anschließend in einer Pfanne mit etwas Butter und Zucker karamellisiert werden. Geradezu klassisch sind Maronen als Füllung für verschiedene Arten von Geflügel.

Bemerkung: In Südeuropa wird das Kernholz der Bäume vielfach zum Bau von Weinfässern verwendet.

Schweizer Maronigugelhopf

- ▷ 200 g Esskastanien (Maroni) weich kochen und pürieren.
- ▷ 100 g Butter und 120 g Zucker mit dem Handrührgerät schaumig schlagen.
- ▷ Das Maronipüree und ½ dl Milch beifügen.
- ▷ 2 Eier verquirlen und nach und nach dazurühren.
- ▷ 100 g Mehl, ½ Beutel Backpulver, 50 g gemahlene Mandeln, 2 Prisen Lebkuchengewürz und 1 Prise Salz mit der Masse vermengen.

▷ Gugelhopfform mit Butter auspinseln und mit Mehl bestäuben.
▷ Teigmasse in die Form geben und im vorgeheizten Backofen bei 180 °C ca. 40 Minuten backen.
▷ Gugelhopf in der Form auskühlen lassen, dann erst auf den Teller stürzen. Mit Puderzucker bestäuben.

Tipp: Ein Löffel Kastanienhonig in den Teig gibt noch eine besondere Note. Anstelle von Lebkuchengewürz kann man sich auch mit Zimt, Muskat- und Nelkenpulver behelfen.

Wiesen-Kerbel *Anthriscus silvestris*

Vorkommen: Wiesen-Kerbel ist eine häufige und weit verbreitete Art, die nährstoffreiche Böden an Straßen- und Wegrändern und auf Wiesen und Weisen liebt. Sie kommt in Europa, Asien und Nordafrika vor und wurde in Nordamerika eingebürgert.

Beschreibung: Der Wiesen-Kerbel gehört zu den reinweiß blühenden Doldenblütlern. Die Dolden bestehen aus 8 bis 16 Doldenstrahlen. Die Pflanze wird bis zu 150 cm hoch. Die kräftig grünen Blätter sind zwei- bis dreifach gefiedert.

Zubereitung: Der Wiesen-Kerbel ist zwar nicht ganz so aromatisch wie der kultivierte Echte Kerbel, kann aber dennoch wie dieser eingesetzt werden. Viele Salate, Suppen oder Eintöpfe werden durch Wiesen-Kerbel bereichert.

Anwendung: Die Pflanze wirkt leicht harntreibend.

Besonderes: Wiesen-Kerbel wächst besonders gut auf reichlich gedüngten Wiesen und Weiden und bestimmt mit seinen Blüten von April bis Juli das Bild der Agrarlandschaft mit. Die Samen sind sehr haltbar. Sie werden vom Vieh gefressen und unbeschädigt wieder ausgeschieden. Über die Gülle werden sie dann vom Bauern über seine Wiesen verteilt.

Ähnliche Arten: Der Echte Kerbel oder Garten-Kerbel (*A. cerefolium*) wird häufig als Kulturpflanze angebaut. Seine Heimat sind die Donauländer und Südwestasien. Die stellenweise verwilderte Pflanze riecht stark aromatisch.

Vorsicht: Verwechslungen mit der **sehr giftigen Hundspetersilie** (*Aethusa cynapium*) sind möglich. Diese bleibt aber deutlich kleiner und hat einen mehr oder weniger unangenehmen Geruch.

Rot-Klee *Trifolium pratense*

Synonym: Wiesen-Klee, Futter-Klee

Vorkommen: Der Rot-Klee ist in weiten Teilen Europas und Zentralasiens verbreitet. In Nordamerika ist er eingebürgert worden. Er wächst auf trockenen bis mäßig feuchten Wiesen und Weiden und liebt nährstoffreichen Boden.

Beschreibung: Die bis zu 40 cm hoch werdenden Pflanzen sind leicht an dem charakteristischen Kleeblatt, das in der Regel dreizählig gefiedert ist, zu erkennen. Diese Blattform hat der Gruppe auch ihren Gattungsnamen verliehen: Trifolium (lat.) = Dreiblatt. Beim Rot-Klee sitzen an einem etwa 2 bis 4 cm langen, meist behaarten Stängel zwei rotviolette Blütenköpfe, die stark duften.

Zubereitung: Die hübsch gefärbten Blütenblätter, die von Juni bis Oktober gesammelt werden können, lassen sich z. B. als Zuckerstreuselersatz auf Butterbrot verwenden, was vor allem bei Kindern sehr beliebt ist. Überhaupt können sie zur Verzierung verschiedenster Speisen benutzt werden. Auch grünen Salaten geben sie interessante Farbtupfer.

Darüber hinaus kann man sie mit ein wenig kleingehackter Zwiebel unter ständigem Rühren in heißem Fett braten. Die Blätter sind nicht besonders schmackhaft, aber sehr eiweißreich. Zum Garnieren von Speisen sind sie aber gut geeignet, vor allem, wenn es sich um ein vierblättriges Kleeblatt handelt.

Besonderes: Rot-Klee ist, wie andere Kleearten auch, eine oft angebaute Futterpflanze, die in Deutschland seit etwa 1.000 Jahren in Gebrauch ist. Vierblättrige Kleeblätter gelten gemeinhin als Glücksbringer, sind in der Natur aber nur selten zu finden.

Große Klette *Arctium lappa*

Vorkommen: Die Große Klette wächst in weiten Teilen Europas, Asiens, Nord- und Südamerikas. Sie wächst in Unkrautbeständen an Wegrändern, Zäunen, Mauern, Ufern und Böschungen und liebt trockene, sandige oder steinige Lehmböden.

Beschreibung: Charakteristisch sind für die Klette die großen Blätter, die an Elefantenohren erinnern, sowie die Hüllblätter der rötlichen, kugeligen Blütenkörbchen, die an der Spitze kleine Widerhaken tragen.

Zubereitung: Die jungen Triebe und Blätter lassen sich zu einem guten Wildgemüse verarbeiten. Die Blattstiele kann man ähnlich wie Spargel zubereiten. Auch die in Streifen geschnittene, gekochte Wurzel, mit Butter und saurer Sahne angerichtet, ist ein leckeres Gemüse.

Anwendung: Die große, fleischige Pfahlwurzel enthält ein ätherisches Öl, das vor allem gegen Pilz- und Bakterieninfektionen der Haut eingesetzt wird.

Besonderes: Die Kletten haben mit den Widerhaken an ihren Hüllblättern eine sehr effektive Methode der Samenverbreitung „erfunden". Sie krallen sich mit dem daran hängenden Fruchtstand fest ins Fell vorbei streifender Tiere oder in die Kleidung von Menschen. Auf diese Weise werden ihre Samen weit verbreitet.

Ähnliche Arten: Neben der Großen Klette können Sie die Kleine Klette (*A. minor*), die, wie ihr Name schon sagt, etwas kleiner bleibt und kleinere Blüten hat, gleichfalls verwenden. Darüber hinaus gibt es zwischen den beiden Arten und einigen weiteren verwandten Arten Bastarde, die sich nur schwer bestimmen lassen.

Knoblauchsrauke *Alliaria officinalis*

Synonym: Lauchhederich, Lauchkraut

Vorkommen: Die Pflanze kommt in Europa, Asien und Nordafrika vor. Sie liebt nährstoffreiche Böden an mehr oder weniger schattigen Plätzen an Wald- und Wegrändern, in Hecken oder Gebüschen, an Zäunen und auf Schuttplätzen. Die Pflanze wächst auch als Epiphyt auf Bäumen.

Beschreibung: Auffallend ist der starke Knoblauchgeruch, der der Pflanze beim Zerreiben entströmt. Der Stängel ist reich beblättert, wächst aufrecht und kann bis 1 m hoch werden. Die ungeteilten Blätter sind im unteren Bereich nierenförmig, im oberen Teil der Pflanze eher herzförmig. Die im März und April aufgehenden Blüten haben vier weiße Kronblätter und stehen am Ende der Stängel. Die Frucht, wie bei allen Kreuzblütengewächsen eine Schote, steht aufrecht und wird etwa 4 cm lang.

Zubereitung: Die Knoblauchsrauke ist eine alte Salatpflanze, die vor noch nicht allzu langer Zeit in keinem Bauerngarten fehlte. Verwenden können Sie die noch jungen Blätter, die im April und Mai gesammelt werden. Getrocknete Blätter besitzen kaum noch von dem typischen Aroma, weshalb Sie nur frische Blätter verwenden sollten. Wegen ihres knoblauchartigen, scharf würzigen Geschmacks sollten Sie sie aber sehr sparsam dosieren. Sie können die Blätter wie Schnittlauch oder Bärlauch verwenden. Mit wenigen kleingehackten Blättern, zerriebenen Salatgurken, Salz, etwas Joghurt und der gleichen Menge saurer Sahne können sie ein lecker schmeckendes Tsatsiki herstellen.

Wiesen-Knöterich *Polygonium bistorta*

Synonyme: Schlangenwurz, Natterwurz, Schlangen-Knöterich

Gefährdung: In einigen Bundesländern gefährdet.

Vorkommen: Der Wiesen-Knöterich kommt in den gemäßigteren Zonen Europas, Asiens und Alaskas vor. Die Pflanze gilt als Nässezeiger, die nährstoffreiche Böden liebt. In Auwäldern, auf feuchten Standorten in Laubwäldern oder Laubmischwäldern und feuchten Wiesen ist sie häufig, sonst aber wegen der Entwässerung der Landschaft an vielen Stellen im Rückgang begriffen.

Beschreibung: Der Wiesen-Knöterich hat eine charakteristische, wie eine Schlange kriechende, kräftige Wurzel, die ihm seine deutschen Synonyme eingebracht hat. Die Blätter sind oberseits dunkelgrün und unterseits grau- bis blaugrün. Die Blüten stehen am Ende des aufrechten, 30 bis 100 cm hohen, nicht verzweigten Stängels in einer dichten, bis 1 cm dicken, walzenförmigen, rosaroten Ähre.

Zubereitung: Verwendet werden die Blätter, aus denen man ein schmackhaftes Wildgemüse zubereiten kann. Sie eignen sich auch recht gut als Zutat in Gemüseaufläufen. Zusammen mit anderen Wildpflanzen, wie z. B. Löwenzahn, kann man sie auch zu Wildpflanzensalat verarbeiten.

Anwendung: Die Wurzel enthält Stoffe, die bei Durchfall helfen. Man verwendet dazu die im August bis September gesammelte Wurzel, die nach dem Säubern in kleine Stücke geschnitten wird. Anschließend werden etwa 2 Esslöffel in einem Liter Wasser abgekocht. Täglich mehrmals von dem Sud trinken.

Feld-Kresse *Lepidium campestre*

Gefährdung: In einigen Bundesländern gefährdet.

Vorkommen: Die Feld-Kresse ist eine wärmeliebende Art, die in Europa und Vorderasien heimisch ist. Sie wächst in Unkrautgesellschaften auf Äckern, Schuttplätzen und Wegrändern.

Beschreibung: Die zu den Kreuzblütengewächsen zählende Pflanze hat ungeteilte, gezähnte Blätter, die den Stängel mehr oder weniger umfassen und zumindest im unteren Bereich weich behaart sind. Die Früchte sind stark zusammengedrückt und eiförmig.

Zubereitung: Feld-Kresse ist sehr reich an Vitamin A und C. Außerdem enthält sie Senföle, die den scharfen Geschmack der Pflanze verursachen und appetitanregend wirken.

Je älter die Pflanzen werden, desto höher wird der Anteil an Senfölen. Keimlinge oder ganz junge Pflanzen schmecken daher weniger scharf. Verwenden können Sie als Keimlinge

die ganzen Pflanzen, sonst die im Frühling gesammelten Blätter. Sie sind eine gute, würzende Beigabe in Salaten oder Suppen. Auch Frischkäse und Quark kann man mit ihnen verfeinern. Verwenden Sie die Blätter wegen ihrer Schärfe sparsam.

Ähnliche Arten: Ebenso verwenden können Sie die in ganz Amerika beheimatete Virginische Kresse (*L. virginicum*), die in Europa aus Amerika eingebürgert und stellenweise häufig ist sowie die Garten-Kresse (*L. sativum*), die aus dem Orient stammt und heute weltweit kultiviert wird. Die Kultur ist einfach und kann sogar problemlos auf der Fensterbank in einfachen Behältern erfolgen. Sie findet sich gelegentlich auch verwildert in Unkrautgesellschaften.

Wiesen-Kümmel *Carum carvi*

Synonyme: Echter Kümmel, Karbei, Chümmi, Kimm, Kämel

Gefährdung: In einigen Bundesländern stark gefährdet oder sogar vom Aussterben bedroht.

Vorkommen: Der Wiesen-Kümmel wächst auf Fettwiesen und -weiden in Mittel- und Nordeuropa, sowie in weiten Teilen Asiens. Er ist in mittleren bis höheren (in den Alpen bis 1.900 m) Gebirgslagen verbreitet und kommt dort stellenweise häufig vor. In flachen Gegenden ist er eher selten. Stellenweise findet man aus Kulturen verwilderten Kümmel.

Beschreibung: Die bis zu 70 cm hoch werdende, zweijährige, krautige Pflanze hat einen aufrechten, schlanken, gefurchten Stängel, der mehrfach verzweigt ist. Die weißen Blüten stehen in acht- bis sechzehnstrahligen Dolden. Die Früchte sind länglich, an beiden Seiten zugespitzt. Kümmel riecht beim Zerreiben typisch aromatisch.

Zubereitung: Die alte Heil- und Würzpflanze wird in Mitteleuropa schon seit Jahrhunderten kultiviert. Die Wurzel kann als Gemüsezusatz verwendet werden. Die Früchte sind würzender Bestandteil vielerlei Speisen. Sie enthalten ein ätherisches Öl, das ihnen den typischen Geschmack verleiht.

Anwendung: Speisen, die Ihnen leicht Blähungen verursachen, wie z. B. Kohlgerichte oder frisches Brot, sollten Sie etwas Kümmel zusetzen.

Vorsicht: Verwechseln Sie den Wiesen-Kümmel unter keinen Umständen mit giftigen Doldenblütlern, wie den **Schierlingsarten** oder der **Hundspetersilie**.

Sommer-Linde *Tilia platyphyllos*

Vorkommen: Die Sommer-Linde wächst in Laubmischwäldern in Europa und dem westlichen Asien. Sie wird häufig als Straßen- oder Stadtbaum gepflanzt.

Beschreibung: Linden sind stattliche, sommergrüne Laubbäume, die eine Höhe von etwa 30 m erreichen. Charakteristisch ist das flügelartige Tragblatt der Blütenstände.

Zubereitung: Die Blätter lassen sich gut als Gemüse verwenden, wenn Sie sie kleingehackt wie Spinat kochen. Ein leckeres „Häppchen“ erhalten Sie, wenn Sie ein Blatt mit Frischkäse bestreichen und dieses leicht aufrollen. Die Blüten eignen sich zum Würzen von Eierspeisen .

Anwendung: Aus wenigen Gramm getrockneter Blüten lässt sich ein gut schmeckender Tee herstellen, der einer der besten schweißtreibenden Tees bei Erkältungskrankheiten ist.

Besonderes: Linden wurden oft in der Dorfmitte als Zentrum des gesellschaftlichen Lebens gepflanzt. Unter ihrem Dach fanden Feste und Versammlungen statt. Bei den Germanen fanden unter ihnen die Volksversammlungen (Thing) statt.

Ähnliche Arten: Ebenso verwendet werden kann die Winter-Linde (*T. cordata*), die etwa 2 Wochen später blüht als die Sommer-Linde und etwas winterhärter als diese ist. Beide Arten kreuzen sich unter natür-

lichen Bedingungen und bilden die Holländische Linde (*T. vulgaris*). Daneben gibt es noch eine Reihe weiterer Arten, von denen die Blätter gegessen werden können, deren Blüten aber keinen schmackhaften Tee liefern. So ist zur Teebereitung z. B. die Holländischen Linde ungeeignet. Das Gleiche gilt u. a. auch für die Amerikanischen Linde (*T. americana*), die in Nordamerika weit verbreitet ist oder der vom Schwarzen Meer stammenden Silber-Linde (*T. tomentosa*), die häufig in Städten gepflanzt wird, u. a. in der bekannten Berliner Straße „Unter den Linden“.

Löffelkraut *Cochlearia officinalis*

Gefährdung: Löffelkraut ist mancherorts stark gefährdet oder bereits ausgestorben.

Vorkommen: Das Löffelkraut ist eine Salzwiesenpflanze, die an den Küstenregionen vorkommt. Vereinzelt trifft man sie auch im Landesinneren an Salzstellen an, wo es sich zumeist um verwilderte Pflanzen aus Kulturen handelt. Ihr Verbreitungsgebiet umfasst West- und Nordeuropa sowie die nördlichen Teile Asiens. Sie ist auf Island ebenso heimisch wie auf Spitzbergen oder Novaja Semlja.

Beschreibung: Das Löffelkraut ist eine zweijährige Pflanze mit dunkelgrünen, glatten und sehr fleischigen Blättern. Die weiß bis blassrosa farbigen Blüten stehen am Ende des bis zu 30 cm Höhe erreichenden Stängels in dichten Trauben.

Zubereitung: Neben Vitamin C, Mineral- und Gerbstoffen enthält die Pflanze ein Senföl, das ihr den charakteristischen, salzig scharfen Geschmack verleiht. Löffelkraut kann vom Frühjahr bis zum Herbst gesammelt werden. Man kann die Pflanzen getrocknet verwenden, besser sind sie aber ganz frisch. Sie eignen sich hervorragend als Zutaten zu Salaten und als Würze von Quark oder Frischkäse. Besonders gut passen sie zu Tomaten mit Mozzarella.

Besonderes: Wegen des hohen Gehaltes an Vitamin C war das Löffelkraut lange Zeit zur Vorbeugung gegen Skorbut in Gebrauch. Wegen des großen Bedarfs wurde es angebaut.

Ähnliche Arten: Das Englische Löffelkraut (*C. anglica*) sowie das Dänische Löffelkraut (*C. danica*) sehen ähnlich aus und können entsprechend verwendet werden.

Löwenzahn *Taraxacum officinale*

Synonyme: Pusteblume, Kuhblume, Butterblume

Vorkommen: Der stellenweise sehr häufige Löwenzahn wächst auf Wiesen und Weiden, an Wegrändern und Dämmen, in Gärten, auf Schuttplätzen und in lichten Wäldern. Ursprünglich in Europa und Asien verbreitet ist die Art heute weltweit verschleppt.

Beschreibung: Löwenzahn hat leuchtend gelbe Korbblüten auf einem hohlen, blattlosen Stängel mit weißem Milchsaft. Die stark eingebuchteten, länglichen Blätter stehen in einer grundständigen Rosette.

Zubereitung: Löwenzahn ist auch heute noch in manchen Gegenden ein gefragtes Nahrungsmittel, das teilweise sogar auf Wochen- oder in Supermärkten angeboten wird. Verwendet werden können die Blüten, die Blätter sowie die Pfahlwurzel. Am besten eignen sich aber die noch jungen Blätter, die zu Salat oder auch Gemüse verarbeitet werden können. Einfach und gut sind Löwenzahnblätter vermengt mit Kartoffeln und gekochten Eiern mit Zitrone und Salz abgeschmeckt. Aus gewürfelten Wurzeln kann man zusammen mit klein gehackten Zwiebeln ein schmackhaftes Gemüse herstellen, wenn man sie in Öl dünstet. Honig erhält ein interessantes Aroma, wenn man einige Löwenzahnblüten (ohne die grünen Blütenteile) für einige Wochen im Honig belässt.

Vorsicht: Der Milchsaft in Stängeln und Blättern vor allem älterer Pflanzen enthält Bitterstoffe, Harze und Triterpene, die in sehr großen Mengen genossen zu Magen-Darm-Beschwerden führen können. Der Milchsaft kann bei empfindlichen Personen nach Kontakt mit der Haut zu einer allergischen Reaktion führen.

Wilde Malve *Malva silvestris*

Synonyme: Rosspappel, Käsepappel

Vorkommen: Die Malve liebt trockene, nährstoffreiche Böden. Sie wächst in Unkrautbeständen an Wegrändern, an Hängen und Mauern sowie auf Schuttplätzen. Ihr Verbreitungsgebiet erstreckt sich von Europa über Asien bis nach Nordafrika.

Beschreibung: Die Wilde Malve sticht durch ihre großen, fünfzähligen, hell rotvioletten Blüten hervor, die aus den Achseln der Blätter entspringen. Die Pflanze, deren Stängel und Blätter behaart sind, erreicht eine Höhe von etwa 100 cm.

Zubereitung: Die jungen, bis zum Juni gesammelten Blätter, die einen feinen, milden Geschmack haben, können klein geschnitten oder gehackt zu Salaten gegessen oder zu Gemüse verarbeitet werden. Da die Blätter relativ groß sind, kann man sie auch gut verwenden, um andere Lebensmittel darin einzuwickeln. Zwei Blätter jeweils mit Frischkäse bestrichen und zusammengeklappt zwischen Brotscheiben gelegt ergeben ein leckeres „Malven-Sandwich". Die reifen Früchte lassen sich gut Salaten beimengen. Die Blütenblätter sind eine schöne Dekoration, die man auch noch essen kann.

Anwendung: Aus den getrockneten Blättern und Blüten kann man einen gut wirkenden Hustentee kochen. Sowohl Blätter als auch Blüten sind Bestandteile in vielen Hustenteemischungen. Bei Entzündungen im Mund hilft Gurgeln mit einer konzentrierten Lösung.

Bemerkung: Mit den Farbstoffen der Blüten kann man Lebensmittel färben.

Ähnliche Arten: Entsprechend verwendet werden kann auch die hellrosa blühende Weg-Malve (*M. neglecta*). Die bei uns manchmal als Zierpflanze angepflanzte, ebenfalls rosa blühende Quirl-Malve (*M. verticillata*), deren Heimat China ist, gehört dort zu den ältesten angebauten Gemüsepflanzen.

Zitronen-Melisse *Melissa officinalis*

Synonyme: Zitronenkraut

Vorkommen: Die Heimat der Zitronen-Melisse liegt im östlichen Mittelmeerraum. Da sie vielfach auch in Mitteleuropa angebaut wird, kann man sie manchmal auch hier verwildert antreffen.

Beschreibung: Die Zitronen-Melisse lässt sich sofort an ihrem charakteristischen, stark nach Zitrone riechenden Duft erkennen, wenn man die Blätter leicht zerreibt. Es handelt sich um eine krautige Pflanze, die knapp 1 m hoch werden kann. Der Stängel ist kantig und behaart. Die Blüten, der zu den Lippenblütengewächsen zählenden Pflanze, sind weiß bis cremig-weiß.

Zubereitung: Die jungen, frischen Blätter können Sie zum Aromatisieren aller Speisen verwenden, denen man sonst Zitrone oder Zitronenschalen zusetzen würde. Sie sollten sie aber nicht mit dem Gericht kochen, sondern erst nach dem Erhitzen beigeben und dann etwas ziehen lassen.

Anwendung: Bei Verdauungsschwäche, starken Blähungen oder Verstopfung hilft manchmal ein Tee aus wenigen getrockneten Blättern der Pflanze.

Besonderes: Die Zitronen-Melisse gilt als sehr gute Futterpflanze für Bienen und wird aus diesem Grund auch heute noch stellenweise kultiviert. Die Bezeichnung „Melisse" stammt aus dem Griechischen und bedeutet „Bienenkraut". Das Öl der Pflanze ist in einigen Kräuterlikören, wie dem bekannten Chartreuse aus dem Kartäuserkloster in den französischen Alpen, ein wichtiger Bestandteil.

Wilde Möhre *Daucus carota*

Synonyme: Mohrrübe

Vorkommen: Die Wilde Möhre ist in weiten Teilen Europas, Asiens und Nordafrikas verbreitet. Sie liebt lockere, warme Böden und kommt auf Wiesen, auf Öd- und Brachland, an Wegrändern und auf Schuttplätzen vor.

Beschreibung: Kennzeichnend für die Wilde Möhre ist die in der Mitte der weißen bis leicht rötlichen Dolde vorhandene purpurrote bis schwarze Einzelblüte, die sog. Mohrenblüte.

Ein weiteres gutes Erkennungszeichen sind die Doldenstrahlen, die sich nach der Blüte, wenn die Früchte reifen, nach Innen krümmen und dann eine Form annehmen, die an ein Vogelnest erinnert. Außerdem

riecht die Wurzel wie die Kulturmöhren. Die zweijährige Pflanze wird bis zu 80 cm hoch. Sie hat einen verzweigten, behaarten Stängel.

Zubereitung: Verwenden können Sie die Wurzel, die allerdings holziger ist, als sie es von Kulturpflanzen gewohnt sind und einen relativ scharfen Geschmack hat. Sie enthalten Provitamin A in größeren Mengen, weitere Vitamine sowie Ballaststoffe. Bei älteren Wurzeln sollten Sie nur die äußeren Teile verwenden, die inneren sind meist sehr zäh. Klein geraspelt eignen sie sich hervorragend für Rohkostsalate, gewürfelt bereichern sie Eintöpfe.

Ähnliche Arten: Im Mittelmeerraum heimisch ist die Riesen-Möhre (*D. maximus*). Aus ihr und der Wilden Möhre ist durch Kreuzung unsere Kulturform hervorgegangen.

Vorsicht: Die Pflanze gehört zu den Doldengewächsen und kann unter Umständen mit **giftigen Arten** dieser Gruppe, wie z. B. den Schierlingen oder der Hundspetersilie **verwechselt werden**.

Moosbeere *Vaccinium oxycoccus*

Gefährdung: In Deutschland stark gefährdet, teilweise vom Aussterben bedroht.

Vorkommen: Moosbeeren sind in Europa, Asien und Nordamerika verbreitet. Die Pflanze ist ein Bewohner von Hoch- und Zwischenmooren oder moorigen, lichten Wäldern. Diese Lebensräume sind in Deutschland durch Trockenlegung oder andere Maßnahmen nahezu verschwunden und stehen fast überall unter Naturschutz. In anderen Ländern, z. B. Skandinavien, gibt es aber stellenweise noch reichlich Moosbeeren, so dass man dort mit ruhigem Gewissen sammeln kann.

Beschreibung: Die Moosbeere ist ein immergrüner Halbstrauch. Kennzeichnend für sie ist der dünne, kriechende Stängel, der wie ein Faden wirkt. An ihm sitzen sehr kleine Blätter, die nur zwischen 3 und 10 mm lang sind. Sie sind spitz und am Rande leicht eingerollt. Die weißlichen bis hell fleischroten Blüten sitzen an langen Stielen. Die Pflanzen blühen von Juni bis August. Im Herbst reifen die tiefroten, kugel- bis birnenförmigen bis etwa 1 cm dicken Beeren.

Zubereitung: Die Früchte enthalten viel Vitamin C und Gerbstoffe. Diese bewirken, dass man beim Essen von rohen Früchten das unangenehme Gefühl bekommt, als zöge sich im Mund alles zusammen. Deshalb sollte man mit der Ernte auf den ersten Frost warten, danach sind sie auch roh genießbar. Ansonsten lassen sie sich zu Marmelade, Gelee oder Kompott verarbeiten oder zu Saft auspressen, der auch die Grundlage für einen guten „Moosbeerenlikör“ liefert.

Ähnliche Arten: In Nordamerika heimisch ist die ähnliche Krannbeere (*O. macrocarpos*), die in Europa in manchen Gegenden kultiviert wird und stellenweise verwildert ist.

Vorsicht: Die Blätter und Stängel sind in größeren Mengen genossen giftig.

Gemeine Nachtkerze *Oenothera biennis*

Synonyme: Zweijährige Nachtkerze

Vorkommen: Die Heimat der Nachtkerze ist Nordamerika. Zu Beginn des 17. Jh.s wurde sie von Amerika nach Europa gebracht, wo sie aus Parks und Gärten dann schnell verwilderte. Inzwischen ist sie auch in weiten Teilen Europas verbreitet und stellenweise häufig. Die Pflanze liebt trockene Böden. Sie wächst bevorzugt an Bahndämmen, Wegrändern, auf Böschungen oder Schuttplätzen.

Beschreibung: Die kräftig gelben, vierzähligen Blüten erreichen

einen Durchmesser von bis zu 5 cm. Sie erscheinen erst im zweiten Jahr. Die Blüten öffnen sich am Abend, wobei ein deutliches Knistern zu hören ist. Ziemlich genau nach 24 Stunden schließen sie sich dann wieder. Der aufrechte, bis 1 m hoch werdende Stängel der zweijährigen Pflanze ist auf seiner ganzen Länge mit lanzettlichen, am Rande fein gezähnten Blättern besetzt.

Zubereitung: Verwenden können Sie die rübenförmig verdickte Wurzel der Pflanze, die aber vor der Blüte geerntet werden sollte, am besten noch im Herbst des ersten Jahres. Sie können sie z. B. wie Schwarzwurzeln zu einem Gemüse mit einem leicht süßlichen Aroma verarbeiten oder als Beilage in Suppen verwenden. Nach dem Kochen lässt sich aus ihnen auch ein leckerer süß-saurer Salat, ähnlich angerichtet wie Selleriesalat, herstellen. Die Blüten können Sie in Pfannkuchenteig stecken und anschließend frittieren. Naschkatzen tauchen sie in Eiweiß, streuen Zucker darüber und frittieren sie anschließend kurz.

Gemeine Ochsenzunge *Anchusa officinalis*

Gefährdung: In einigen Bundesländern gefährdet oder sogar vom Aussterben bedroht.

Vorkommen: Die Ochsenzunge liebt warme, trockene, kalkarme Sand- oder Kiesböden. Sie kommt zusammen mit anderen Wildkräutern an Weg- und Ackerrändern, in Weinbergen oder auf Schuttplätzen in den gemäßigten bis wärmeren Zonen Europas vor.

Beschreibung: Die Ochsenzunge hat einen sehr steif behaarten, aufrechten, kantigen Stängel, der bis 1 m hoch werden kann. Auch die langen Blätter sind behaart. Die Blütenblätter sind im unteren Teil zu einer Röhre verwachsen, die nicht geknickt oder gebogen ist. Die Pflanze blüht zunächst rot und wird dann hellblau bis dunkelblauviolett.

Zubereitung: Verwenden können Sie die Blätter, die möglichst jung geerntet werden sollten. Sie können zu Salat oder als Gemüse verarbeitet werden. Wegen des etwas faden Geschmackes sollten Sie sie aber mit anderen Wildpflanzen zusammen zubereiten. Die Wurzel soll in Wein eingelegt für eine ausgelassene Stimmung sorgen, was schon die alten Römer zu berichten wussten. Ob allerdings Wein oder Wurzel Ursache dieser Stimmung ist, ist mir auch nach mehreren Selbstversuchen immer noch nicht klar.

Besonderes: Aus der Wurzel lässt sich ein roter Farbstoff mit hoher Intensität gewinnen, der in Lebensmitteln verwendet werden kann.

Ähnliche Arten: Zum verwechseln ähnlich ist der Krummhals oder die Acker-Ochsenzunge (*Lycopsis arvensis*), die sich vor allem durch die in der Mitte geknickte oder gebogene Blütenröhre von der Ochsenzunge unterscheidet.

Pastinak *Pastinaca sativa*

Synonyme: Moorwurzel

Vorkommen: Pastinak ist in Europa und Asien weit verbreitet und in der neueren Zeit weltweit verschleppt. Die Pflanze liebt nährstoffreiche, lehmige Böden. Sie wächst auf Wiesen, an Straßen- und Wegrändern oder auf Schuttplätzen.

Beschreibung: Pastinak ist eine zweijährige Pflanze, die zu den Doldenblütlern

gehört. Die dotter- bis goldgelben Blüten stehen in einer lockeren Dolde mit 5 bis 15 Strahlen. Der behaarte Stängel, der bis zu 1 m hoch werden kann, ist längs gerillt. Die Blätter sind gefiedert, die einzelnen Fiedern grob gesägt. Sie riechen beim Zerreiben nach Möhren.

Zubereitung: Die würzig schmeckende, Vitamin-C-reiche Wurzel ist gewürfelt in leicht gesalzenem Wasser weich gekocht ein wohlschmeckendes Gemüse, das vor allem in England vielfach noch gegessen wird. Die gekochten Wurzeln eignen sich auch zur Herstellung eines gut schmeckenden Pürees. Aus den jungen Blättern kann man ein Wildgemüse herstellen.

Anwendung: Die Wurzeln sollen angeblich eine aphrodisierende Wirkung haben, weshalb sie in Klöstern verpönt waren und den frommen Frauen und Männern von ihrem Genuss abgeraten wurde.

Besonderes: Pastinak ist eine schon seit dem Altertum beliebte Gemüsepflanze, die auch in Mitteleuropa viel gegessen und angebaut wurde, heute aber nur noch in England und auf dem Balkan größere Verbreitung auf dem Küchentisch findet. Während die Wurzeln der Wildpflanzen relativ dünn und leicht sind, werden die Kulturformen massiv und erreichen Gewichte von bis zu 1,5 kg.

Pfefferminze *Mentha piperita*

Vorkommen: Die aus Europa stammende und weltweit eingebürgerte Pflanze wächst an feuchten Stellen in der Nähe von Gewässern.

Beschreibung: Charakteristisch für die Pfefferminze ist ihr stark aromatischer Duft, an dem man alle Minzearten erkennen kann. Sie hat einen vierkantigen Stängel und gegenständige, gesägte Blätter.

Zubereitung: Die Blüten lassen sich in Salaten verwenden. Aus den Blättern wird der bekannte Pfefferminztee hergestellt. Dabei sollten die Blätter nur überbrüht werden und nicht gekocht. Vor allem in Großbritannien beliebt ist die aus überbrühten Blättern, Essig und Zucker hergestellte Minzsoße, die zu Hammel- oder Lammbraten gereicht wird.

Anwendung: Pfefferminztee hilft bei Erkältungen und Magen-Darm-beschwerden.

Ähnliche Arten: Es gibt etwa 20 verschiedene Minzearten, die auf der gesamten Nordhalbkugel sowie in Australien verbreitet sind. Viele Arten bilden untereinander Bastarde. So ist auch die Pfefferminze ein

Kreuzungsprodukt, das Ende des 17. Jahrhunderts entstand. Mit einer Ausnahme (s. u.) können alle heimischen Arten wie die Pfefferminze verwendet werden. Zu ihnen gehören z. B. die Acker-Minze (*M. arvensis*), die Wasser-Minze (*M. aquatica*), die Grüne oder Ähren-Minze (*M. spicata*), die Ross-Minze (*M. longifolia*) und die Rundblättrige Minze (*M. rotundifolia*).

Vorsicht: **Giftig ist die Polei-Minze** (*M. pulegium*). Sie unterscheidet sich von den anderen Arten u. a. dadurch, dass ihr Kelch **nicht** regelmäßig fünfzähnig ist.

Preiselbeere *Vaccinium vitis-idaea*

Synonyme: Kronsbeere

Gefährdung: In Deutschland stark gefährdet, teilweise vom Aussterben bedroht.

Vorkommen: Die Preiselbeere ist in Nord- und Zentraleuropa, in weiten Teilen Asiens und in Nordamerika zu Hause. Sie wächst in Wäldern, Heiden und Hochmooren, liebt mehr oder weniger schattige Plätze und ist dort oft bestandsbildend. In den Alpen kommt sie bis in Höhen von fast 2.500 m vor. In Skandinavien ist die Art noch recht häufig.

Beschreibung: Preiselbeeren sind immergrüne Zwergsträucher mit unterirdischen Ausläufern, aus denen die oberirdischen Teile wachsen. Die ledrigen Blätter sind kurz gestielt, auf der Oberseite glänzend grün, auf der Unterseite matt weißlich grün mit hervorstehenden braunen Drüsen. Die glockigen Blüten sind weiß bis leicht rot angelaufen. Die glänzenden Früchte sind scharlachrot.

Zubereitung: Von den Preiselbeeren werden nur die süßlich-herb schmeckenden, sehr vitaminreichen Beeren verwendet. Sie werden zu Marmelade oder Kompott verarbeitet oder können in Kuchen oder Torten verwendet werden. Preiselbeerkompott wird oft als Beilage zu Wildgerichten oder gebackenem Camembert gereicht.

Ähnliche Arten: Blätter und Früchte der Gewöhnlichen Bärentraube (*Arctostaphylos uva-ursi*) ähneln denen der Preiselbeere stark. Sie sind allerdings nicht genießbar. Das beste Unterscheidungsmerkmal liefert die Unterseite der Blätter. Bei der Bärentraube ist die Blattunterseite netzartig strukturiert, bei der Preiselbeere durch die braunen Drüsen punktiert.

Vorsicht: Die Blätter sind in größeren Mengen genossen giftig.

Queller *Salicornia europaea*

Synonyme: Glasschmelze

Gefährdung: In einigen Bundesländern stark gefährdet oder bereits ausgestorben.

Vorkommen: An Meeresküsten und binnenländischen Salzstellen. *S. europaea* gilt als Sammelart, deren genaue Aufgliederung in einzelne Arten noch nicht endgültig geklärt ist.

Beschreibung: Die 10 bis höchstens 40 cm hoch werdenden Pflanzen sind ausgesprochen salzliebend. Sie können mehrere Prozent Salzgehalt ertragen. Als Erstbesiedler des Schlickwatts machen ihnen regelmäßige Überflutungen durch Meerwasser nichts aus. Von den bei uns vorkommenden Salzpflanzen verträgt der Queller die höchsten Salzgehalte. Die ein- bis zweijährigen Pflanzen sind zunächst grün, werden dann zum Herbst hin teilweise schmutzigrot.

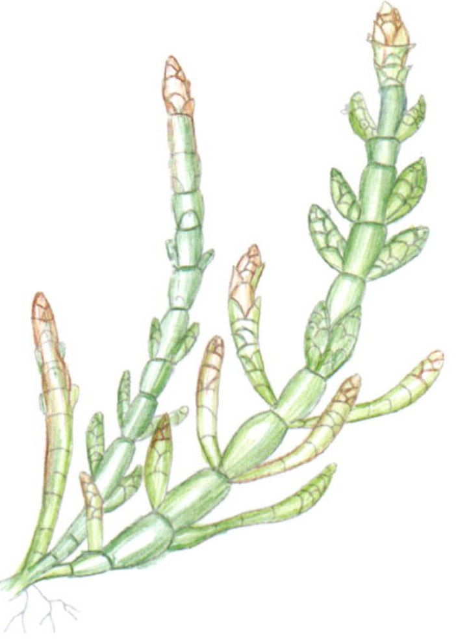

Die Stängel sind knotig gegliedert und an den Knoten eingeschnürt. Wie die Kakteen sind die Pflanzen Stammsukkulenten, d. h., sie können große Mengen Wasser in ihren Sprossen speichern. Die so fleischig aufgequollenen Sprosse haben ihr die deutsche Bezeichnung eingebracht.

Zubereitung: Sie müssen die Pflanzen nicht unbedingt im Watt selbst suchen, zumal ihr Vorkommen an der deutschen Küste fast überall im Nationalpark liegt. Gelegentlich werden Pflanzen aus anderen Ländern importiert und in Feinkost- oder Fischgeschäften angeboten. In Essig eingelegt schmeckt Queller außerordentlich gut als Salat. Sie kann auch gut als Gemüse zubereitet werden. Einige Quellersprossen in chinesisch süß-saurer Suppe oder Sauce geben dem Gericht eine interessante Note.

Besonderes: Die Pflanzen fanden früher Verwendung bei der Glasherstellung. Daher stammt auch der weitere deutsche Name „Glasschmelze". Queller wird an geeigneten Stellen an der Küste ausgesät, um die Landgewinnung im Watt zu fördern.

Breitblättriger Rohrkolben *Typha latifolia*

Vorkommen: Rohrkolben sind in Europa, Asien und Nordamerika in den Röhrichten der Verlandungszone von Gewässern weit verbreitet.

Beschreibung: Rohrkolben sind sofort an den typischen, kolbenartigen Blütenständen und den langen, schmalen Blättern zu erkennen.

Zubereitung: Das Mark der Wurzeln enthält bis zu 40 % Stärke, die in Wasser herausgelöst werden kann. Das Mark der Schösslinge wird leicht angebraten zu einem leckeren Gemüse. Der weibliche, braune Kolben kann wie ein Maiskolben zubereitet werden. Aus dem männlichen Blütenstand, der über dem weiblichen sitzt, kann ein Pulver gewonnen werden, das man Mehl zusetzen kann. Damit zubereitete Backwaren erhalten einen interessanten Geschmack.

Ähnliche Arten: Genauso verwendet werden kann der seltene Schmalblättrige Rohrkolben (*T. angustifolia*), der, wie der Name schon sagt, etwas schmalere Blätter hat. Sicheres Unterscheidungsmerkmal ist aber, dass bei ihm zwischen männlichem und weiblichem Kolben ein deutlicher Abstand von meist mehreren Zentimetern besteht, während beim Breitblättrigen Rohrkolben der männliche Kolben direkt auf dem weiblichen sitzt. Die ebenfalls bei uns heimischen, sehr seltenen Zwerg-Rohrkolben (*T. minima*) und Shuttleworth-Rohrkolben (*T. shuttleworthii*) sind vom Aussterben bedroht und sollten nicht geerntet werden.

Vorsicht: Die Schösslinge der Rohrkolben ähneln sehr stark denen der **Iris-Schösslinge**, die **giftig** sind.

Wilde Rose *Rosa canina*

Synonyme: Hagebutte, Heckenrose, Hundsrose

Vorkommen: Die Wilde Rose kommt in ganz Europa, Nordafrika und im westlichen Asien vor. Sie wächst hauptsächlich an Weg- und Waldrändern, Bahndämmen, Böschungen und in Gebüschen und Hecken.

Beschreibung: Die Wilde Rose ist ein kräftiger Strauch, der mehrere Meter hoch werden kann. Die Zweige sind mit Stacheln besetzt. Die Blätter sind unpaarig gefiedert mit 5 bis 7 gezähnten, ovalen Teilblättchen. Die Blüten sind blassrot bis hellrosa. Aus ihnen entwickeln sich die charakteristischen, leuchtend roten Früchte (Hagebutten) der Rosengewächse. Die Hagebutten haben einen sehr hohen Vitamin C-Gehalt. Bei der Wilden Rose liegt er bei bis zu 1.700 mg je 100 g

frische Früchte. Hinzu kommen weitere Vitamine sowie Provitamin A mit bis zu 5 mg pro 100 g Frischgewicht.

Zubereitung: Aus den Früchten lässt sich Marmelade oder Mus herstellen, die ähnliche gesundheitliche Wirkungen haben, wie der bekannte Hagebuttentee. Dazu werden die Früchte halbiert und die Kerne entfernt. Die Blütenblätter schmecken aromatisch süß und können roh oder in süßen Salaten gegessen werden.

Anwendung: Ein bekannter und wohlschmeckender Tee, der die Abwehrkräfte stärkt und bei Erkältungskrankheiten und Fieber hilft, wird aus den Schalen der Hagebutten hergestellt. Dazu wird eine Handvoll grob zerkleinerter, getrockneter Schalen in knapp einem Liter Wasser mehrere Stunden eingeweicht und anschließend kurz aufgekocht.

Ähnliche Arten: Die Wissenschaftler zählen bis zu 200 verschiedene Arten der Gattung *Rosa*, die sich z.T. sehr stark ähneln und nur von Spezialisten unterschieden werden können. Die auf der ganzen Nordhalbkugel vertretenen Sträucher bilden alle die typische Hagebutte mit ihrem hohen Vitamin C-Gehalt.

Wilde Rübe *Beta vulgaris*

Synonyme: Runkelrübe, Wildbete

Vorkommen: Die Runkelrübe ist eine typische Pflanze der Meeresküsten, wo sie im Bereich der Spülsäume vorkommt. Sie liebt salzhaltige, stickstoffreiche, sandige oder steinige Böden. Ihr Verbreitungsgebiet erstreckt sich entlang der europäischen Atlantikküsten, der Mittelmeerküste und der Ostküste Indiens. Nach Mittel- und Südamerika wurde sie verschleppt. Da sie in Deutschland nur auf Helgoland heimisch ist (nach Fehmarn wurde sie verschleppt), sollte man hier diese sehr seltenen Bestände nicht antasten.

Beschreibung: Die Wurzel der Wildform ist relativ dünn und in dieser Hinsicht nicht mit den extrem verdickten Wurzeln der Kultursorten zu vergleichen. Aus ihr wächst im ersten Jahr eine Blattrosette, die den Winter überdauert. Im zweiten Jahr sprießt ein bis zu 125 cm hoher Stängel empor, der an seinem Ende die unscheinbaren, grüngelben Blüten trägt, die zu zweit oder dritt in den Achseln kleiner Blätter stehen.

Zubereitung: Die Blätter der Rosette, die im Sommer geerntet werden sollten, können als Salat gegessen werden. Besser ist es aber, sie wie Spinat oder Mangold zu einem Gemüse zu verarbeiten. Sie enthalten viel Mineralstoffe und Spurenelemente. Gut schmecken auch die Blattstiele, die wie Spargel oder Schwarzwurzeln zubereitet werden können.

Besonderes: Die hier beschriebene Unterart *B. vulgaris maritima* ist die Stammform aller heute existierender Kulturarten, aus der durch Züchtung so unterschiedliche Formen wie Futterrüben, Runkelrüben, Mangold, Rote Beete und Zuckerrüben entstanden sind. Dabei bestechen die Kulturformen durch extreme „technische Daten“. Die Kultursorten der Zuckerrüben hat einem Zuckergehalt von 20 % und mehr, die Wurzel der Wilden Rübe dagegen nur etwa 2 %.

Sanddorn *Hippophae rhamnoides*

Synonyme: Stranddorn, Seedorn, Stechdorn

Gefährdung: In einigen Bundesländern gefährdet.

Vorkommen: Der Sanddorn ist an den Küsten und in den Stromtälern Mitteleuropas, in den Gebirgen Südeuropas sowie im Kaukasus und bis nach Ostasien verbreitet. Er liebt mineralstoffhaltige, sandige oder kiesige Böden. Er ist eigentlich selten, aber dort, wo er wächst, bestandsbildend.

Beschreibung: Sanddorn ist ein sommergrüner Strauch, der eine Höhe von bis zu 5 m erreichen kann. Aus den Zweigen und Ästen wachsen zahlreiche kurze, zugespitzte Sprosse, die wie Dornen wirken. Die wechselständigen, kurzstieligen Blätter sind lang lanzettförmig. Die am Rande oft eingerollten Blätter sind oben graugrün, unten silbrigweiß. Auffallend sind die leuchtend orangeroten Früchte, die ab August reifen.

Zubereitung: Roh sind die Früchte des Sanddorns sehr sauer und kaum zu genießen. Zu einem Kompott oder Marmelade mit reichlich Zucker verarbeitet, schmecken sie aber lecker. Die Früchte sind sehr saftig und lassen sich auch leicht entsaften.

Anwendung: Unter den einheimischen Arten sind die Früchte des Sanddorns die vitaminreichsten überhaupt. Sie enthalten bis zu 1 % Vitamin C. Neben anderen Vitaminen und Fruchtsäure enthalten sie auch Flavone, die die Vitamin C-Wirkung aktivieren. Wer unter Vitamin C-Mangel leidet, sollte daher täglich rohe Früchte in Honig zerquetscht zu sich nehmen.

Besonderes: Sanddorn wird zur Befestigung von Sandboden oder als Ziergehölz angepflanzt und verwildert gelegentlich.

Sauerklee *Oxalis acetosella*

Synonyme: Hain-Sauerklee

Vorkommen: In dunklen, schattigen Laub-, Misch- und Nadelwäldern tritt Sauerklee oft herdenweise auf. Die Pflanze liebt humose, eher saure Böden und ist über die ganze Nordhalbkugel verbreitet.

Beschreibung: Typisch für die Art sind die Blätter, die wie beim Klee aus drei Teilblättern zusammengesetzt sind. Die hübschen Blüten sind langgestielt, weiß mit roten bis violetten Adern und einem gelben Fleck am Grunde.

Zubereitung: Sauerklee kann in geringen Mengen roh gegessen werden oder als würzende Beigabe in Salaten. Gut passen einige Blätter zu Bratkartoffeln mit Sauerfleisch oder Sülze. Seine attraktiven Blüten und Blätter liefern schöne, essbare Dekorationen für Salate oder kalte Platten.

Anwendung: In Asien wird Sauerklee zur Senkung von Fieber herangezogen und um Schwellungen zu mildern.

Besonderes: Sauerklee gehört zu den Arten, die zum Wachsen nur ganz wenig Licht benötigen. Er überdauert auch noch dort, wo er nur 1 % des Sonnenlichtes erhält, weshalb er auch noch dort wachsen kann, wo andere Pflanzen nicht mehr gedeihen und damit konkurrenzlos ist. Bei stärkerer Lichteinwirkung besteht die Gefahr der Austrocknung, wovor er sich schützt, dass er seine Blättchen zusammenklappt. Diese „Schlafstellung“ nimmt er auch nach mehrmaliger Berührung ein.

Ähnliche Arten: In Nordamerika, vor allem in den kanadischen Rocky Mountains, wächst der Berg-Sauerklee (*O. montana*), den Sie genauso verwenden können.

Vorsicht: Der Sauerklee enthält nicht unerhebliche Mengen Oxalsäure und deren Salze und ist daher schwach giftig (☞ Großer Ampfer). Verwenden Sie ihn daher nur gelegentlich und nie in größeren Mengen.

Gemeine Schafgarbe *Achillea millefolium*

Vorkommen: Die Schafgarbe ist in weiten Teilen Europas und Asiens zu Hause und in Nordamerika und Australien eingebürgert. Sie wächst auf Fettwiesen und Weiden und an Wegrändern und Dämmen.

Beschreibung: Die Blätter des bis zu 60 cm hoch werdenden Korbblütengewächses sind sehr fein mehrfach gefiedert. Die Anordnung der Körbchenblüten täuscht eine Dolde vor. Die Pflanze hat einen charakteristischen, aromatischen Geruch.

Zubereitung: Obwohl mancherorts die Blätter als Salat oder Gemüse gegessen werden, sollte man beim Verzehr der Pflanze vorsichtig sein. Sammeln Sie nur die noch ganz jungen, kleinen Blättchen und verwenden Sie sie lediglich zum Würzen von Salaten, Suppen

oder Eintöpfen. Auch Quark oder Frischkäse erhalten eine interessante Note, wenn sie damit gewürzt werden.

Anwendung: Wegen der entzündungshemmenden und antiseptischen Wirkung kann ein mit Tee getränktes Tuch als Umschlag auf Wunden oder entzündete Stellen gelegt werden. Bei Entzündungen in der Mundhöhle hilft oft Gurgeln mit dem Tee.

Vorsicht: Die Schafgarbe enthält einen Stoff, der zu den giftigen Furocumarinen gehört und sollte deshalb nur in geringen Mengen und nicht über einen längeren Zeitraum verwendet werden. Bei empfindlichen Menschen kann es zu allergischen Reaktionen auf der Haut kommen, wenn die mit dem Pflanzensaft in Berührung gekommenen Stellen dem Sonnenlicht ausgesetzt werden. Darüber hinaus ähnelt die Schafgarbe manchen giftigen Doldenblütlern, wie z. B. dem Schierling.

Scharbockskraut *Ranunculus ficaria*

Synonyme: Feigwurz

Vorkommen: Das zu den Hahnenfußgewächsen gehörende Scharbockskraut wächst in Laubmischwäldern oder Gebüschen, manchmal auch auf Wiesen mit nährstoffreichem, meist lehmigem Böden. Es ist in Europa und Asien weit verbreitet und häufig.

Beschreibung: Die Pflanzen gehören zu den ersten Frühlingsboten im Wald, die schon im März und April blühen. Sie werden bis zu 15 cm hoch und bedecken mit ihren Blättern und Blüten wie ein Teppich den Waldboden. Die ungeteilten Blätter sind abgerundet herzförmig. Die Blüten, aus 8 bis 12 Blütenblättern bestehend, kräftig gelb. Charakteristisch sind die in vielen Blattachseln wachsenden Brutknöllchen, über die sich die Pflanze auf vegetativem Wege vermehrt.

Zubereitung: Sie können die noch vor der Blüte gesammelten Blätter zu einem Frühlingssalat verarbeiten oder wie Spinat gekocht als Gemüse essen. Zusammen mit Zwiebeln und etwas Butter in der Bratpfanne gedünstet schmecken die Blätter sehr gut zu Rührei mit Kartoffelbrei.

Anwendung: Die Wurzeln und die Brutknöllchen wurden früher gegen die durch einen Virus hervorgerufenen Feigwarzen eingesetzt.

Bemerkung: Die Blätter haben einen sehr hohen Vitamin C-Gehalt und wurden in früheren Zeiten gegen Skorbut eingesetzt. Sie waren vor allem auch deshalb so beliebt, weil sie die ersten Vitamin-Spender nach dem langen Winter waren, die in der Natur zu finden waren. Dieser Anwendung verdankt die Pflanze auch ihren deutschen Namen, der aus dem russischen „skrobota“ (Skorbut) abgeleitet ist.

Vorsicht: Sie sollten nur Blätter verwenden, die vor dem Blühen gesammelt wurden. Während und nach der Blüte reichert sich in allen Pflanzenteilen der für den Menschen giftige Stoff Protoanemonin an.

Wiesen-Schaumkraut *Cardamine pratensis*

Vorkommen: Das Wiesen-Schaumkraut ist auf feuchten Standorten in Wiesen oder Wäldern sehr häufig. Es liebt lehmige oder tonige Böden und ist in den gemäßigten Zonen der nördlichen Halbkugel weit verbreitet.

Beschreibung: Der aufrecht wachsende Stängel der bis zu 40 cm hoch werdenden Pflanze ist rund und hohl. Die vier Blütenblätter des Kreuzblütlers variieren von weiß über rosa bis zu hellviolett. Am Boden bilden die gefiederten Blätter eine Rosette.

Zubereitung: Wiesen-Schaumkraut hat eine gewisse Ähnlichkeit mit der Brunnenkresse sowohl im Aussehen als auch in den Verwendungsmöglichkeiten. Die Pflanze enthält Senföle und reichlich Vitamin C. Sie können die Blätter, Stängel und Blüten in Salaten verarbeiten oder zu Suppen oder Eintöpfen geben. Klein gehackte Blätter eignen sich auch zum Aromatisieren von Weichkäse oder als Belag eines Butterbrotes.

Besonderes: Häufig finden sich an den Stängeln der Pflanzen kleine Schaumnester, die der Art auch ihren Namen gegeben haben. In diesen Nestern, die im Volksmund Kuckucksspeichel genannt werden, leben die Larven einer Schaumzikade, die aus dem Stängel der Pflanze Saft saugen.

Ähnliche Arten: Neben dem Wiesen-Schaumkraut gibt es noch eine Reihe weiterer nahe verwandter und ähnlicher Arten, die genauso verwendet werden können. Genannt seien hier nur das Bittere Schaumkraut (*C. amara*), das einen fünfkantigen, mit Mark gefüllten Stängel hat, und das Behaarte Schaumkraut (*C. hirsuta*), das einen mehr oder weniger behaarten Stängel hat.

Schilf *Phragmites communis*

Vorkommen: Das auf der ganzen Welt verbreitete und häufig vorkommende Schilfrohr bildet die Röhrichte von stehenden oder langsam fließenden, eutrophen Gewässern aller Art. Es kann bis zu einer Wassertiefe von etwa 2 m wachsen und kommt in den Bergen bis in mittlere Lagen vor.

Beschreibung: Schilf gehört zu den größten Gräsern auf der Erde. Es erreicht eine Höhe von 2 bis 4 m. Der runde, aufrecht wachsende Halm wird bis zu 2 cm dick. Die lineal-ähnlichen Blätter sind 2 bis 3 cm breit und bis zu 30 cm lang. Die Blüte wächst am Ende des Halmes in einer großen, straußenfederähnlichen Rispe von Juli bis September.

Zubereitung: Vom Schilf können Sie die im Frühjahr wachsenden Schösslinge verwenden, die Sie möglichst rasch nach der Ernte zubereiten sollten. Sie können roh oder klein geschnitten in Salaten gegessen werden. In Gemüse sind sie eine sehr gute Ergänzung. Gut schmecken sie auch, wenn Sie sie in Bierteig hüllen und dann braten. Die Samen, die im Herbst gesammelt werden, können zu einem Mehl gemahlen werden, mit dem man Weizenmehl anreichern kann. Sie geben auch Gemüsesuppen oder Eintöpfen einen interessanten Geschmack. Aus den langen Rhizomen lässt sich Stärke herauslösen.

Besonderes: Das Schilfrohr bildet bis zu 10 m lange seitliche Ausläufer, die einen wesentlichen Teil zur Verlandung und Befestigung des Ufers der Gewässer beitragen. Schilf wird als Streu verwendet, zur Dachabdeckung, als Schilfrohrmatten und zunehmend auch zur Gewinnung von Zellulose.

Schlehe *Prunus spinosa*

Synonyme: Schwarzdorn, Schlehdorn

Vorkommen: Die zu den Rosengewächsen zählende Schlehe findet man in Europa, Vorderasien und Nordafrika. Sie bildet meist in sonniger Lage Hecken und Gebüsche und ist stellenweise sehr häufig.

Beschreibung: Die Schlehe ist ein 2 bis 3 m, manchmal bis zu 5 m hoch werdender Strauch. An den auffallend schwarzbraunen Ästen sitzen sehr spitzen Dornen. Die weißen Blüten erscheinen vor den Blättern etwa ab April. Sie prägen während der Blüte in manchen Gegenden das Landschaftsbild. Die Früchte reifen im Oktober und November. Es sind nahezu kirschgroße, schwarzblaue bereifte Steinfrüchte.

Zubereitung: Die etwas süßlich schmeckenden Blüten lassen sich gut in Obstsalaten verwenden. Mit der Ernte der Früchte sollten Sie bis zu den ersten Nachtfrösten warten, weil sie dann sehr viel milder schmecken. Das gleiche Ergebnis erzielen Sie, wenn Sie sie über Nacht in die Tiefkühltruhe legen. Aus ihnen lässt sich eine gute Marmelade oder

Kompott herstellen. Sehr gut schmeckt z. B. ein aus gleichen Teilen Schlehen, Birnen und Zucker gekochtes Mus, dem Sie etwas Geliermittel zusetzen und vor dem Erkalten durch ein Sieb pressen, um die Steine auszusondern. Auch der aus den Früchten gepresste Saft ist sehr schmackhaft. Er liefert die Grundlage für Schlehenwein oder -likör.

Anwendung: Aus den getrockneten Blüten lässt sich ein harn- und schweißtreibender, blutreinigender Tee herstellen, der zudem noch beruhigende Wirkung hat.

Stachelbeere *Ribes uva-crispa*

Vorkommen: Stachelbeeren lieben nährstoffreiche, kalkhaltige Böden. Sie wachsen in Wäldern oder an deren Säumen, in Gebüschen oder Hecken. Das Verbreitungsgebiet erstreckt sich von Europa über Nordafrika bis in den Osten Asiens.

(md)

Beschreibung: Stachelbeeren sind Sträucher mit einer Höhe von 50 bis 150 cm, an deren Ästen und Zweigen wehrhafte Stacheln sitzen. Die Stacheln sind zwei- bis fünf-, meist aber dreiteilig. Die drei- bis fünffach gelappten Blätter entspringen aus den Achseln der Stacheln. Dort wachsen auch die meist einzeln stehenden Blüten, die sich zur bekannten Stachelbeere entwickeln.

Zubereitung: Aus den getrockneten Blättern kann man einen recht gut schmeckenden Tee herstellen. Die Beeren werden zu Kompott, Gelee oder Marmelade verarbeitet. Sehr gut schmecken sie zusammen mit Rhabarber als Grütze zubereitet. Stachelbeeren lassen sich auch gut als Frucht in Torten verwenden.

Ein einfaches Rezept, das eine leckere Torte liefert, ist folgendes: Belegen Sie einen Mürbeteigboden mit Stachelbeeren. Schlagen Sie 5 Eiweiß mit 250 g Puderzucker auf und bedecken Sie damit die Beeren. Nun kommt die Torte für 15 Min. bei etwa 100°C in den Backofen. Fertig ist die Stachelbeertorte mit Baiser. Wer mag, kann bevor die Stachelbeeren auf den Tortenboden gelegt werden, diesen noch mit einer Schicht Vanille- oder Schokoladenpudding bedecken.

Besonderes: Stachelbeeren werden seit dem 16. Jahrhundert in vielen Sorten gezüchtet und kultiviert. Vielerorts findet man daher auch verwilderte Kulturformen.

Süßdolde *Myrrhis odorata*

Synonyme: Wilder Anis

Gefährdung: In einigen Bundesländern gefährdet oder stark vom Aussterben bedroht.

Vorkommen: Die Süßdolde ist eine alte Kulturpflanze, die vor allem in Hochstaudenfluren auf Kalkböden in tieferen Lagen der europäischen Gebirge (bis ca. 1.500 m) vorkommt. Durch Verwilderung aus Kulturen oder Einbürgerung ist sie inzwischen zerstreut in ganz Europa und sogar Nordamerika anzutreffen.

Beschreibung: Charakteristisch für diesen Doldenblütler ist der süße, anisartige Duft, der sich vor allem beim Anschneiden oder Zerdrücken der Wurzel bemerkbar macht. Die krautige, ausdauernde Pflanze kann bis zu 150 cm hoch werden. Die Blätter sind zwei- bis dreifach, manchmal auch vierfach gefiedert. Die von Mai bis Juli blühenden Pflanzen haben weiße Blüten, die zu einer vielstrahligen Dolde zusammengefasst sind. Die schmalen, länglichen Früchte werden 2 bis 2,5 cm lang. Sie sind scharfkantig gerippt und im reifen Zustand glänzend braunschwarz.

Zubereitung: Wurzel und Blätter eignen sich - wegen des starken anisartigen Eigengeschmacks sparsam verwendet - als würzende Beigabe in Gemüse.

Anwendung: In der Volksmedizin wird die Pflanze als harntreibendes und magenstärkendes Mittel verwendet.

Besonderes: Die Süßdolde wird in einigen Gegenden als Futterpflanze verwendet.

Vorsicht: Die Süßdolde ähnelt, wie viele andere Doldenblütler auch, den **giftigen Schierlingen** und der **Hundspetersilie**. Seien Sie sich bei der Verwendung sicher, dass keine Verwechslung möglich ist.

Weiße Taubnessel *Lamium album*

Synonyme: Bienensaug

Vorkommen: Die in Europa und Asien weit verbreitete Taubnessel wächst in Unkrautfluren an Wegen, Bahndämmen und Mauern sowie auf Schuttplätzen. Die sehr häufige Pflanze ist ein Stickstoffanzeiger.

Beschreibung: Die Blätter der Taubnesseln ähneln denen der Brennnesseln stark, haben aber keine Brennhaare. Die zu 5 bis 8 in Quirlen in den Achseln der Blätter stehenden Blüten sind weiß, manchmal mit einem leichten gelblichen Schimmer. Der vierkantige Stängel wird bis zu 60 cm hoch.

Zubereitung: Die Blätter, die leicht nach Spinat schmecken, können Sie als Salat zubereiten, in Gemüsesuppen oder Eintöpfen verwenden und als Gemüse wie Spinat verspeisen. Die süßlich schmeckenden Blüten eignen sich hervorragend zur Bereicherung von Süßspeisen. Mischen Sie z. B. die Blüten mit etwas Honig und Milch unter Quark und Sie haben eine feine, gesunde Nachspeise. In Pfannenkuchenteig getaucht und dann in Öl gebraten können Sie sie mit Vanilleeis, etwas Preiselbeermarmelade und einer frischen Blüte zur Dekoration servieren.

Besonderes: Die Blüten sind sehr nektarreich. Dieser sitzt aber tief hinten in der schlundähnlichen Kronröhre. Er kann nur von Hummeln mit ihren sehr langen Rüsseln erreicht werden, weshalb die Pflanzen besonders von diesen Insekten angeflogen werden.

Ähnliche Arten: Auf die gleiche Weise können die Rote Taubnessel *(L. purpureum)* und die Gelbe Taubnessel oder Goldnessel (*L. galeobdolon*) verwendet werden. Sie unterscheiden sich im wesentlichen durch die Blütenfarbe.

Echter Thymian *Thymus vulgaris*

Synonyme: Gartenthymian, Thymel, Bienenkraut

Vorkommen: Die Heimat des Echten Thymians liegt in der Levante. Inzwischen ist er über ganz Südeuropa, in einigen Gebieten Afrikas und sogar in den sonnigen Regionen Nordamerikas verbreitet. Obwohl die Heil- und Gewürzpflanze auch in Mitteleuropa vielfach angebaut wird, verwildert sie hier nur selten, weil sie meist den Winter nicht überdauert.

Beschreibung: Thymian ist ein ausdauernder Halbstrauch bis 50 cm Höhe, den man an seinem typischen Geruch erkennen kann. Die Blüten sind rosa oder weißlich rosa. Sie stehen in Scheinquirlen in den Achseln der gegenständigen Blätter.

Zubereitung: Thymian ist als Küchengewürz aus der französischen Küche nicht wegzudenken. Es ist fester Bestandteil von Kräutermischungen aus der Provence. Er wird für Braten, Wurst und Suppen verwendet. Bratkartoffeln erhalten durch Thymian ein feines Aroma. Einfacher Obstessig lässt sich leicht mit Thymian verfeinern, wenn man ihn einige Tage im Essig ziehen lässt.

Anwendung: Thymian ist eine alte Heilpflanze mit vielen Anwendungsmöglichkeiten. Sie wirkt appetitanregend, magenstärkend und verdauungsfördernd. Bei Schnupfen tut ein heißes Thymian-Vollbad sehr gut. Dazu kochen Sie das Kraut in mit etwa 2 l Wasser gründlich ab und gießen den Sud in die Wanne.

Ähnliche Arten: Die auch in Mitteleuropa heimischen Arten wie Feld-Thymian (*T. pulegioides*) und Sand-Thymian oder *Quendel (T. serppyllum*) werden analog verwendet. Allerdings sind sie z.T. stark gefährdet und sollten deshalb geschont werden. Auch sind die in ihnen enthaltenen Ölmengen sehr viel geringer.

Vorsicht: Das ätherische Öl des Thymians enthält geringe Mengen des giftigen Thymols. Deshalb sollten sie Thymian nicht in sehr großen Mengen und über einen längeren Zeitraum zu sich nehmen.

Vogel-Sternmiere *Stellaria media*

Synonyme: Vogelmiere, Hühnerdarm

Vorkommen: Die Vogel-Sternmiere ist auf der ganzen Welt verbreitet. Schon seit der Steinzeit ist sie ein Kulturbegleiter des Menschen. Sie wächst in lockeren Unkrautgesellschaften in Gärten, auf Äckern und Schuttplätzen, an Zäunen und Gräben und in Gebüschen. Die stickstoffliebende Pflanze ist sehr häufig und kann so manchem Gartenfreund zur Last werden.

Beschreibung: Die Vogelmiere kann zu jeder Jahreszeit, sogar im Winter blühen. Sie gehört zu den Pflanzen, die sich wie die „Mäuse vermehren" und jedes Jahr bis zu 5 Generationen hervorbringen können. Die krautige Pflanze wächst meist niederliegend und bedeckt den

Boden. Charakteristisches Kennzeichen ist die in Längsrichtung auf dem Stängel verlaufende einzelne Haarreihe. Die Blätter werden nur gut 1 cm groß. Sie wachsen gegenständig. Die Blüten sind weiß und haben 5 Kronblätter, die tief eingeschnitten sind.

Zubereitung: Vogelmiere gehört zu den wenigen Wildpflanzen in unseren Breiten, die das ganze Jahr über gesammelt werden können und auch im Winter für einen frischen Salat mit reichlich Vitamin C aus der Natur sorgen. Verwendet werden die jungen Triebe mit den Blättern. Vogelmiere hat einen interessanten, leicht nussartigen Geschmack und kann daher gut allein als Salat angerichtet werden. Die gehackten Triebe eignen sich auch hervorragend zum Verfeinern von Quark oder Frischkäse oder solo als Brotaufstrich.

Mit klein gehackten Vogelmieren, saurer Sahne oder Schmand, etwas Walnussöl, Salz und Pfeffer lässt sich ein wohlschmeckender Dip herstellen, den Sie zu Pell- oder Folienkartoffeln essen können. Mit den Samen können Sie Suppen andicken.

Besonderes: Die Vogel-Sternmiere ist ein beliebtes Grünfutter für Stubenvögel und Hühner. Auch die Samen werden gern gefressen.

Waldmeister *Galium odoratum*

Gefährdung: In einigen Bundesländern gefährdet.

Vorkommen: Waldmeister kommt in Laubwäldern vor. Die Pflanze liebt nährstoffreiche, lockere Böden. Sie ist in ganz Europa und Nordafrika sowie in Sibirien verbreitet.

Beschreibung: Waldmeister hat vierkantige, unverzweigte Stängel, die eine Höhe von etwa 30 cm erreichen. Die kräftig grünen Blätter stehen zu 6 bis 8 in einem Wirbel um den Stängel. Die weißen Blüten haben je 4 Kronblätter.

Zubereitung: Waldmeister sollte vor dem Blühen gesammelt werden. Das frische Kraut riecht nur schwach. Erst beim Welken entwickelt es das beliebte Waldmeisteraroma, weshalb Sie die Pflanzen nicht frisch verwenden, sondern erst einige Stunden liegen lassen sollten.

Das klassische Rezept ist die traditionelle Maibowle. Dazu hängen Sie für etwa 20 Minuten ein Sträußchen „frisch verwelkten" Waldmeister in trockenen Weißwein. Anschließend geben Sie eine in Scheiben geschnittene, unbehandelte Orange hinzu und füllen mit Sekt auf. In Österreich ist Rinderbraten beliebt, der vor dem Braten mehrere Stunden in Waldmeister-Essig mariniert wird.

Ähnliche Arten: Zum Verwechseln ähnlich ist das Wald-Labkraut (*G. silvaticum*), das sich aber durch die auf der Unterseite bläulich-grünen Blätter und den unten runden Stängel unterscheidet. Es kann nicht wie Waldmeister verwendet werden.

Vorsicht: Der Cumaringehalt im Waldmeister erzeugt in größeren Mengen Kopfschmerzen und kann zu Übelkeit und Benommenheit führen. In kleinen Mengen genossen und nicht über einen längeren Zeitraum hinweg ist der Genuss aber unbedenklich.

Walnuss *Juglans regia*

Vorkommen: Die Heimat der Walnuss liegt in Südwesteuropa und dem südwestlichen Asien. Schon von den Römern wurde sie auch nach Mitteleuropa gebracht und gepflanzt. In den milderen Gebieten ist sie vielfach verwildert anzutreffen.

Beschreibung: Die Walnuss ist ein sommergrüner Laubbaum mit wechselständigen, unpaarig gefiederten Blättern. Charakteristisch ist die in einer grünen Hülle sitzende Steinfrucht.

Zubereitung: Die Nüsse, die bis zu 50 % Öl enthalten und ein sehr gutes Speiseöl liefern, werden roh gegessen oder gemahlen bzw. gehackt in Fruchtsalaten oder anderen Süßspeisen oder Backwaren.

Ähnliche Arten: In ganz Amerika und Asien gibt es noch etwa 15 weitere Arten der Gattung *Juglans*, die alle essbare Nüsse liefern und unserer Walnuss mehr oder weniger ähneln. Eng verwandt ist auch die Gattung *Carya*, die die Hickory-Nüsse liefern. Zu ihnen gehört die bei uns sehr beliebte Pekanuss (*Carya illinoensis*), die aus dem US-Bundesstaat Illinois stammt.

Besonderes: Aus der Walnuss können relativ einfach natürliche Farbstoffe für Textilien hergestellt werden.

(md)

Getrocknete Blätter, die mehrere Stunden in Wasser eingelegt waren und anschließend eine Stunde ausgekocht werden, ergeben einen messinggelben Farbstoff. Aus den gemahlenen Nussschalen, die Sie längere Zeit in Wasser kochen, erhalten Sie hell- bis dunkelbraune Farben. Die in Wasser eingeweichten grünen Schalen der Früchte ergeben nach der Trocknung rotgelbe bis rotbraune Farbtöne. Der Baum liefert ein sehr hochwertiges Holz, das u. a. in der Möbelindustrie geschätzt wird.

Tuorta da Nusch - Bündner Nusstorte

für eine Torte von 26 cm Durchmesser

▷ 85 g Zucker, 150 g Butter, 1 Ei, 1 Prise Salz und 300 g Mehl mit den Händen rasch zu einem Mürbeteig verarbeiten, in Folie verpackt 30 Minuten kühl stellen.

▷ 85 g Blütenhonig leicht erwärmen, 300 g Zucker beigeben und karamellisieren. Von der Kochplatte nehmen und erst 1½ dl Vollrahm, dann 200 g gehackte Walnüsse einrühren.

▷ Mürbeteig aus dem Kühlschrank holen. 2/3 des Teiges ca. 5 mm dick auswallen, in die Springform auslegen und ca. 3 cm am Rand hochziehen.

- ▷ Die Füllung in warmem Zustand gleichmäßig auf dem Teigboden verteilen.
- ▷ Den restlichen 1/3 Teig in der Größe der Form ausschneiden und als Deckel auf die Torte legen. Den Deckel am Rand gut andrücken und mit einer Gabel mehrmals einstechen.
- ▷ Bei 210- 220°C ca. 20 Minuten schön hellbraun backen. Anschließend aus der Form nehmen und auskühlen lassen.

Das Rezept stammt von der Engadiner Bäckerei Giacometti in Lavin, wo bereits seit vier Generationen eine der besten Bündner Nusstorten hergestellt wird. Die ideale Stärkung für eine Wanderung im nahen Schweizer Nationalpark.

Großer Wegerich *Plantago major*

Synonyme: Breitwegerich

Vorkommen: Wegerich ist inzwischen auf der ganzen Welt verbreitet und an vielen Orten häufig. Er wächst auf Fettwiesen und Weiden, an Wegrändern und Ufern und sogar in Asphaltspalten oder Fugen im Pflaster von Straßen und Wegen.

Beschreibung: Die breiten, elliptisch eiförmigen Blätter stehen in einer grundständigen Rosette. Sie sind derb und haben deutlich hervortretende Blattnerven. Die unscheinbaren Blüten sind zu einer langen, zylindrischen Ähre zusammengefasst.

Zubereitung: Frische, möglichst junge Blätter können in Wildpflanzensalaten oder Gemüse verwendet werden. Die Blätter des verwandten Spitzwegerich eignen sich gut, um in ihnen kleine Käsestückchen einzuwickeln. Diese Häppchen können kurz in der Pfanne angebraten werden.

Ähnliche Arten: Es gibt noch eine Reihe weiterer Wegericharten, die analog verwendet werden können. Zu den bekanntesten gehören dabei der Mittlere Wegerich (*P. major*) und der Spitzwegerich (*P. lanceolata*). Der Spitzwegerich hat die kürzeste Blütenähre und die längsten und schmalsten Blätter. Beim mittleren Wegerich liegt die Länge der Ähre zwischen der des Spitzwegerichs und der des Breitwegerichs.

Besonderes: Bei Feuchtigkeit wird die Außenschicht der Samen klebrig und bleibt z. B. an den Schuhen vorbeigehender Menschen haften. Unbeabsichtigt ist die Pflanze auf diese Weise weltweit verbreitet worden. In Amerika ursprünglich nicht heimisch, wurde sie von den Indianern als „Fußtritt des weißen Mannes“ bezeichnet.

Echte Wegwarte *Cichorium intybus*

Synonyme: Zichorie

Gefährdung: In einigen Bundesländern gefährdet.

Vorkommen: Die Wegwarte ist in ganz Europa, Nordafrika und Asien bis in Höhen von 1.500 m an Wegrändern, an Mauern, auf Schuttstellen und Weiden verbreitet. In Amerika, Südafrika und Neuseeland wurde sie eingebürgert.

Beschreibung: Die Wegwarte ist eine sommergrüne, krautige Pflanze, die bis zu 150 cm, manchmal sogar 200 cm hoch werden kann. Die Pflanze fällt durch ihre hellblauen Korbblüten und den wenig beblätterten, stark ästigen Stängel auf. Die Korbblüte hat einen Durchmesser von 3 bis 4 cm und trägt nur Zungenblüten. Charakteristisch ist, dass sie sich ziemlich regelmäßig morgens gegen 6 Uhr öffnen und mittags gegen 12 Uhr wieder schließen.

Zubereitung: Blätter und Wurzel können in Salat oder Gemüse verwendet werden.

Besonderes: Aus der Wegwarte entstanden durch Kultivierung die Salatpflanzen Chicorée und Radicchio. Vom Beginn des 18. Jahrhunderts an bis zum Ende des 2. Weltkrieges wurde aus der Wurzel ein Kaffee-Ersatz (Blümchen-Kaffee) hergestellt. Dazu wurden die Wurzeln geröstet und anschließend gemahlen. Zu bestimmten Zeiten wurde dieser Kaffee-Ersatz in vielen Ländern getrunken.

Ähnliche Arten: Aus dem Mittelmeerraum stammt die Endivie (*C. endivia*), die als Salat- und Gemüsepflanze in vielen verschiedenen Zuchtformen in ganz Europa angebaut wird und auch verwildert gefunden werden kann.

Wald-Weidenröschen
Epilobium (=Chamaenerion) angustifolium

Synonyme: Feuerkraut, Schmalblättriges Weidenröschen

Vorkommen: Das Wald-Weidenröschen ist in Europa, Asien und Nordamerika weit verbreitet und stellenweise häufig. Es wächst bevorzugt auf Kahlschlägen, an Waldrändern oder auf Schutthalden.

Beschreibung: Der runde, unverzweigte, etwas rötliche Stängel erreicht eine Höhe von 60 bis 120 cm. Die wechselständigen Blätter sind sehr schmal lanzettlich und zugespitzt. Besonders auffallend ist

die Pflanze während der Blüte durch ihre vielen, am oberen Teil des Stängels wachsenden rosa- bis tiefroten Blüten. Die Samen reifen in langen, zylindrischen Kapseln.

Zubereitung: Verwenden können Sie die Blätter und die oberen Teile der Stängel. Aus ihnen lässt sich ein gutes Wildgemüse zubereiten. In Butter zusammen mit in Würfel geschnittener Zwiebel gedünstete Weidenröschenblätter, die man unter gebratene Pilze mischt und mit etwas Sahne und gehackter Petersilie verfeinert, sind ein leckeres Gemüse, das z. B. gut zu Bratkartoffeln passt.

Besonderes: Die winzigen Samen tragen einen Schopf aus Haaren, die wie ein Gleitschirm wirken. Mit ihnen können die Samen über große Strecken vom Wind fortgetragen werden.

Ähnliche Arten: Es gibt eine ganze Reihe verschiedener Weidenröschenarten, die sich z.T. auch untereinander kreuzen. Einige kann man wie das Wald-Weidenröschen verwenden. Genannt seien hier nur das Rosarote Weidenröschen (*E. roseum*) und das Berg-Weidenröschen (*E. montanum*).

Zweigriffliger Weißdorn *Crataegus laevigata*

Synonyme: Stumpfgelappter Weißdorn, Mehlbeere

Vorkommen: Weißdorn ist in weiten Teilen Europas verbreitet. Er bildet Hecken und Gebüsche und wächst in lichten Laub- und Laubmischwäldern sowie an deren Rändern.

Beschreibung: Der Zweigrifflige Weißdorn ist ein sommergrüner Strauch, der eine Höhe von 5 m erreichen kann. An den Zweigen und Ästen wachsen sehr spitze Sprossdornen, an denen man sich leicht verletzen kann. Die zahlreichen, weißen bis weißlich rosa Blüten haben 2 bis 3 Griffel. Durch die vielen Blüten sieht der Strauch während der Blüte aus, als wenn er mit Schnee überdeckt wäre.

Die Blüten verbreiten einen starken, mehr oder weniger unangenehmen, aasartigen Geruch, der Fliegen zum Bestäuben der Blüten anlocken soll. Aus ihnen reifen im September und Oktober die roten Apfelfrüchte, die beim Zweigriffligen Weißdorn 2 bis 3 Steine besitzen.

Zubereitung: Die vollreifen Früchte können zusammen mit anderen Früchten zu Gelee, Marmelade oder Kompott verarbeitet werden. Sie sind mehlig und schmecken säuerlich, gelieren aber sehr gut, was den Zusatz von weiteren Geliermitteln überflüssig macht. Das Fruchtfleisch kann getrocknet und dann als Zusatz zum Mehl verwendet werden. Die gerösteten und gemahlenen Kerne ergeben einen brauchbaren Kaffee-Ersatz.

Anwendung: Tee aus getrockneten Blättern, Früchten oder Blüten wirkt herzstärkend und beruhigend. Bei längerer Einnahme soll er die Durchblutung der Herzkranzgefäße fördern.

Ähnliche Arten: Gleichwertig ist der Eingrifflige Weißdorn (*C. monogyna*), dessen Blüten nur einen Griffel besitzen. Außerdem sind seine Blütenstiele behaart, die Blätter tief eingeschnitten gelappt und die Früchte enthalten nur einen Stein.

Ruth's Farcin (Kräuterauflauf)

▷ 1 kg frisches „Grünzeug" wie wilder Spinat (Guter Heinrich), Klatschmohnblätter, Knoblauchrauke, Löwenzahn … verlesen, waschen, klein hacken.

▷ 1 große Zwiebel und 100 g geräucherten Bauchspeck würfeln und zusammen in einer Pfanne andünsten, die Kräuter dazugeben, noch etwas weiterdünsten, mit Salz, Pfeffer und Kreuzkümmel abschmecken.

▷ **1. Variante:** Aus 60 g Butter, 200 g Mehl, ½ l Milch und 4 Eiern einen Pfannkuchenteig zubereiten, die Kräutermischung zugeben und alles in eine gefettete Backform geben, eine 45 Minuten im Backofen bei 200 ° backen. Mit roher Tomatensoße warm oder kalt servieren.

▷ **2. Variante:** Aus 100 g Butter, 4 EL Mehl, Milch und Sahne eine Bechamelsauße kochen (nach Gutdünken würzen), das Grünzeug zufügen, 2-3 Eier unterrühren und ebenfalls im Backofen backen.

Tipp: Ruth kocht nicht nur unverschämt lecker, man kann es bei ihr auch erlernen. In ihren Kochkursen werden Wildkräuter auf Wanderungen gesammelt und dann zu Köstlichkeiten verarbeitet. Das alles spielt sich in der reizvollen Region der südfranzösischen Cevennen ab.

♦ Internationales Drachenflugzentrum, Ruth und Jürgen Dewess, Gîte Cabrières, F- 12520 Compeyre, ☎ +33/(0)5/65 59 84 44, 💻 www.cabrieres.net

Glossar
Literatur

Glossar

Ähre Blütenstand, bei dem die einzelnen Blüten ungestielt in den Achseln der Tragblätter sitzen, wie z. B. beim Wegerich

Dolde Blütenstand, bei dem die gestielten Einzelblüten an einem Punkt aus den in einer Rosette angeordneten Tragblättern wachsen, wie z. B. bei den Doldenblütlern

Doldenrispe eine spezielle Rispe, bei der die Blüten der einzelnen Rispenäste wie bei einer Dolde in einer Ebene angeordnet sind, z. B. beim Baldrian

Doldentraube eine Traube, bei der die Einzelblüten unterschiedlich lange Stiele haben; die Einzelblüten stehen in einer Ebene.

eingeschlechtig Blüte, die entweder nur Frucht- oder nur Staubblatt enthält

einhäusig eingeschlechtige Blüten, die auf einem Individuum wachsen

einjährig Pflanzen, die nur eine Vegetationsperiode überdauern

Epiphyt Pflanze, die nicht im Boden wurzelt, sondern andere Pflanzen besiedelt, ohne diesen Nahrung zu entziehen

eutroph übermäßig mit Nährstoffen versorgt

Fruchtblatt Teil der Blüte, aus dem sich nach der Befruchtung durch den Pollen die Frucht entwickelt

gefiedert Blätter, die aus mehreren Einzelblättchen oder Fiedern zusammengesetzt sind. Von unpaarig gefiedert spricht man, wenn am Ende des Blattstieles ein einzelnes Blatt steht, wie z. B. bei der Esche, von paarig gefiedert, wenn dieses fehlt.

gegenständig Blattstellung, bei der sich an jedem Knoten 2 Blätter gegenüber stehen und die nächsten Blätter im rechten Winkel dazu versetzt sind, wie z. B. bei der Pfefferminze)

Halophyten Salzpflanzen, können einen hohen Salzgehalt ertragen

Kelch Teil der Blütenhülle, der aus den meist mehr oder weniger verwachsenen, grünen Kelchblättern gebildet wird, sitzt unterhalb der Krone

Kolben Eine Ähre, bei der die Blütenachse kolbig verdickt ist, wie z. B. beim Rohrkolben

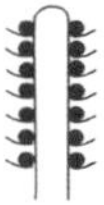

Korbblüte Blütenstand, bei dem sich die Blütenachse statt in die Länge in die Breite entwickelt hat, wie z. B. beim Löwenzahn

gewölbte und flache Korbblüte

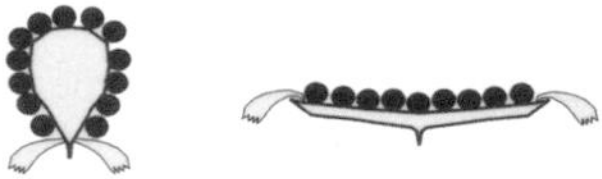

Kronblätter die eigentlichen, meist farbigen „Blütenblätter“ der Blüte

Krone Aus den Kronblättern gebildeter Teil der Blüte

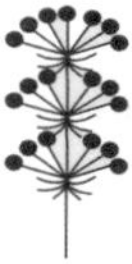

Quirl Blütenstand, bei dem mehrere Dolden übereinander angeordnet sind

Rhizom unter der Erde wachsende Sprosse von Kräutern und Stauden, aus denen Wurzeln wachsen

Rispe eine Traube, bei der die einzelnen „Blütenstiele" nochmals, z.T. mehrfach verzweigt sind, z. B. Beifuß

Staubblatt Teil der Blüte, die den Pollen enthält

Sukkulenten Pflanzen, die in besonderen Zellen (meist im Spross oder den Blättern) Wasser speichern können und damit über lange Zeiträume von der Süßwasserzufuhr unabhängig sind, z. B. Feigenkaktus

Traube Blütenstand, bei dem die Einzelblüten gestielt sind und in den Achseln von Tragblättern stehen

wechselständig Blattstellung, bei dem an jedem Knoten nur ein Blatt steht, der gegenüber dem vorausgehenden um einen bestimmten Winkel verschoben ist, z. B. Sanddorn

zweihäusig eingeschlechtige Blüten, die auf verschied. Individuen wachsen

zweijährig Pflanzen, die den Winter überdauern und meist erst im zweiten Jahr blühen

zwittrig Blüte, die sowohl Frucht- als auch Staubblatt enthält

Literatur

Die folgende Liste enthält nur eine Auswahl der vielfältigen Literatur über Pflanzen.

Bestimmungsbücher

- ▷ Margot Spohn: **Was blüht denn da – Original**, Kosmos-Naturführer 2021, ISBN 978-3440170731, € 20. Anhand von mehr als 2.000 naturgetreuen Zeichnungen lassen sich 870 Blütenpflanzen bestimmen. Der Inhalt ist an die Bestimmungs-App „Flora Incognita" angebunden, sodass man Texte und Bilder auch auf dem Smartphone zur Verfügung hat.
- ▷ Margot Spohn: **Was blüht denn da – Fotoband**, Kosmos-Naturführer 2021, ISBN 978-3440170829, € 16. Mit dem Buch lassen sich 550 Blütenpflanzen bestimmen. Durch die Anbindung an die Bestimmungs-App „Flora Incognita" lassen sich die Inhalte auch auf dem Smartphone abrufen.
- ▷ Margret Gruber-Stadler: **Heimische Bäume bestimmen**, Freya 2024, ISBN 978-3990253298, € 19,90. Mithilfe des Buches mit über 1.000 aussagekräftigen Fotos lassen sich einheimische Laub- und Nadelbäume in allen vier Jahreszeiten bestimmen.
- ▷ Schmeil-Fitschen: **Die Flora Deutschlands und angrenzender Länder**, Quelle und Meyer 2024, ISBN 978-3494019437, € 49,95. Das inzwischen in der 98. Auflage vorliegende Standardwerk mit zahlreichen Detailzeichnungen ist ein Bestimmungsbuch, das Botaniker nutzen, das aber auch von Hobbybotanikern mit fundierten Grundkenntnissen benutzt werden kann.

Heil- und Giftpflanzen

- ▷ Ingrid und Peter Schönfelder: **Der Kosmos Heilpflanzenführer**, Kosmos 2023, ISBN 978-3440176948, € 35. Das Standardwerk für Leser mit guten Grundkenntnissen beschreibt mehr als 600 heimische Gift- und Heilpflanzen. Im Extrateil wird über giftige Zimmerpflanzen informiert.
- ▷ Frohne, Dietrich & Hans Jürgen Pfänder: **Giftpflanzen**, Wissenschaftliche Verlagsgesellschaft 2004, 978-3804720602, € 62.

Das Das Buch wendet sich vornehmlich an Apotheker, Ärzte, Toxikologen und Biologen.

▷ Bruno P. Kremer: **Gefährliche Schönheiten** – Giftpflanzen im Garten, Haupt Verlag 2022, ISBN 978-3258082813, € 19,90. Der Autor beschreibt die wichtigsten giftigen Gartenpflanzen, ihre giftigen Inhaltsstoffe und mögliche Verwechslungen mit anderen Pflanzen.

☺ Die Informationszentrale gegen Vergiftungen der Universität Bonn gibt Tipps und Ratschläge bei Vergiftungen mit Pflanzen und informiert im Vorfeld.

♦ ☏ 02 28/192 40, unter 💻 https://gizbonn.de/ erhalten Sie detaillierte Auskunft zu einzelnen Pflanzen

Rote Listen gefährdeter Pflanzen

Auf der Webseite (https://rote-liste-zentrum.de) des **Rote-Liste-Zentrums** kann man sich für alle Pflanzengruppen (und Tiere) die entsprechenden Roten Listen herunterladen.

Bücher mit Rezepten

▷ Susanne Hansch und Elke Schwarzer: **Der Giersch muss weg!**, Verlag Eugen Ulmer 2019, ISBN 978-3818606473, € 16,95. Muss man lästige „Unkräuter“ im Garten bekämpfen? Die Autorinnen meinen: nein, sondern lieber aufessen. Das Buch gibt dazu Hilfestellung mit 50 Rezepten.

▷ Friedrich Graupe und Sepp Koller: **Delikatessen aus Unkräutern**, Orac Verlag 2010, ISBN 978-3701505272, € 22,90. Das Wildpflanzenkochbuch enthält über 200 Rezepte mit Kräutern aus der Natur.

▷ Iris Feldkamp: **Wildpflanzen Kochbuch**, edition plantae 2023, ISBD 978-3969304754, € 10,95. Die Autorin beschreibt nicht nur über 100 Rezepte für schmackhafte Gerichte mit essbaren Wildpflanzen, sondern gibt auch Anleitungen zur Herstellung von Seifen, Cremes und Shampoo.

Index